RE-UNDERSTANDING

OF THE WORLD

张光复 著

重新认识世界

九 州 出 版 社
JIUZHOUPRESS

图书在版编目(CIP)数据

重新认识世界/张光复著 . —北京:九州出版社,2013.7

ISBN 978-7-5108-2212-4

Ⅰ.①重…　Ⅱ.①张…　Ⅲ.①科学哲学—普及读物
Ⅳ.①N02-49

中国版本图书馆 CIP 数据核字(2013)第 155434 号

重新认识世界

作　　者	张光复 著
出版发行	九州出版社
出 版 人	黄宪华
地　　址	北京市西城区阜外大街甲 35 号(100037)
发行电话	(010)68992190/2/3/5/6
网　　址	www.jiuzhoupress.com
电子信箱	jiuzhou@jiuzhoupress.com
印　　刷	北京毅峰迅捷印刷有限公司
开　　本	710 毫米×1000 毫米　16 开
印　　张	11
字　　数	176 千字
版　　次	2013 年 8 月第 1 版
印　　次	2013 年 8 月第 1 次印刷
书　　号	ISBN 978-7-5108-2212-4
定　　价	32.00 元

卷首语

牛顿相信时间是绝对的,只要用准确的钟表,就可以毫无歧义地测量任何变化的事件。

他同时认为:不存在绝对位置和绝对空间,空间是物质三维运动的表现。

爱因斯坦认为:时间和空间是弯曲的,不可分离的,是四维的相对时空。

霍金说:"寻找时间和空间的秘密,是可望不可及,但又是核心的一项未竟事业。"

时间、空间、物质、进化、灵魂,
到底有没有?
　　是什么?
溯本求源,只有在弯曲的四维时空里,
用物质的运动和变化去裁决。

认识世界的来龙去脉
说明人间的过去现在
知道自己的启始缘源
明了万物的前因后果

序
让世界变透明　人间普真爱

张怀群

我是站着、坐着反复阅读《重新认识世界》的，每一次读，每一次兴奋。随着读书的深入，原本扑朔迷离的世界逐渐清澈透明起来。

这本书是以物质产生发展的 137 亿年绵长历史为主线，具体而又生动地描绘了物质的来龙去脉和宇宙的演化历程，指出世界由物质所主宰。作者首先创始性地提出物质呈物质、半物质和非物质三种形态，这种科学划分才真正全面地将世界万物无一例外地清晰囊括其中。并进而科学地提出：

物质是由色子、粒子、原子、分子等具有形体和质量的东西所构成。

半物质是由电、磁、声音、光、电磁波、幅射等能和力构成的。

非物质是由意识、精神、空间、时间等构成的。

结论：世界是物质的，物质主宰着世界。

世界也是半物质的，半物质充斥着世界。

世界还是非物质的，非物质是世界的另一半。

作者平静的转告世人日取其半的分不尽的物质不可再分了，物质不可再分的最小颗粒是上帝粒子。上帝粒子是物质不可再分的终点。而一个动态的宇宙似乎在有限的过去起始，也许会在将来的有限时间里终结。

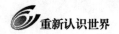

对于宇宙的存在形式——时间,作者首创性地第一次把它和物质这个主体联系在一起,提出是物质变化而产生了时间;

作者脱俗的悟性是对时间的重新认识:

时间是不是循环的?

时间会不会中止、暂缓和延续?

时间可不可以保留?

时间的恢复和逆转。

时间可以穿越吗?

总时间是从宇宙大爆炸开始,如果宇宙结束,物质不再存在,时间即告终结。

物质的运动产生了空间。作者让人折服地把长期困扰人类的时空难题说了个透彻明白。

粒子的运动创造了物质的形体空间,物质的运动创造了宇宙空间,半物质的运动创造了影响空间。

地球到底有多大的空间?

当人们认为三维空间理论走向完美时,两个相对论却把空间和时间搅和在一起,提出了四维相对空间论。

有什么样的运动,便会产生什么样空间。

有多大的运动和运动范围便会形成多大的空间。

宇宙的膨胀运动形成了总空间,也是最大的实际空间。

各种物质的运动都形成了属于自己的空间。

至于世界万物,生物人类能有今天的精彩,其缘由是因为物质与生俱来就具有一种进化功能,是物质的进化之因,而逐渐产生了宇宙、万物、生物、人类之果。

作者的灵性的随意表露是对进化的重新认识:

物质的转化特性同样创造出又一个新的神奇——那就是科技物质的出现,并充斥现代人类的生活一声创世大爆炸,物质从产生上帝粒子开始,历 137 亿年的发展从非生物进化到生物,创造了今天的世界、宇宙、人类和文明。

物质和半物质转化成非物质,形成了时间、空间、意识、精神、科技等非物质世界。

反向亦然,非物质转化成半物质和物质,出现了飞机、飞船、电脑、楼房等一大批新科技物质。

是物质的转化促成了人类的现代文明。

人类社会之所以有今日的文明和辉煌,则是由于三种物质的相互转化而产生了人文社科,从而不断涌现出从远古的木石器到现在的飞机、电脑、航天器等科技物质。该书全面阐述物质运动、变化、进化、转化的四大有为性。这有为的物质在自身具有的灵魂(感知思维能力)的选择创新中,一步步产生今天的万花世界。

作者惊世骇俗地提出,一切生命、一切物质都有灵魂:

令人费解,灵魂是什么? 到底有没有? 它来自何方?

动物和人的灵魂——感知思维是生存之本。

植物没有神经系统和专业感知器官,但它仍然有灵魂,这当然是感知思维能力。

无脑的微生物世界,依然依靠感知思维这个灵魂而精彩地生活着。

聪明的碳元素使整个有机物的灵魂备显神奇。

无机物虽比有机物反应迟钝,但它仍然是灵魂附体,有明确的感知思维能力。

物质的感知思维的科技物质专业化,更充分地证明了物质灵魂的存在。

作者的结论令人信服:

灵魂是人们对感知思维能力的总体表达。

物质和人一样是有灵魂的。

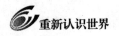

是物质的灵魂指导物质的有为性。

运动、变化、进化、转化,均在灵魂的感知思维的选择中趋好趋优。

今天的辉煌源自物质的灵魂创造。

该书是一部科技文学作品,但却揭示了挑战性的主题。作者在溯本求源、追根刨底中全面彻底深入地揭示了物质与宇宙,物质与生物,物质与人类的因果辩证关系。原来小小的粒子、原子竟恩重如山地成为万物之母,更是人类进化之本,是真正孕育我们的母亲。本书顺理成章地揭示"尊物如人、敬人如物"的全新观念。宇宙、自然、资源、环境、生物、人类统一集合在共同的物质母亲的庭堂中,形成相互关联,互为因果,共为一体,密不可分的一家人。身居其中的你我自然而然会产生崇尚物质,关爱自然,重视环境,保护生物,热爱人类的潜能。这从本质说出了真爱博爱大爱的真谛,促进形成爱人如物,厚德载物的社会风尚。

作者是我学写作的老师,是我工作中的老领导,他原是一位长期在基层工作的技术人员,曾担任地方高级领导职务,后又主动到大型国企工作。退休之后,隐居为民,埋身书海,终成此大作。他的博爱、和善令我在因文结缘的许多年中毫无拘束,但当我再次读此大作时,我大汗淋漓,令我敬畏,令我高山仰止。我认为,目前是把老子、爱因斯坦、牛顿、霍金等智慧世俗化,而世俗智慧敢与大师智慧碰撞,且在某些突破点上或许能突破大师智慧的时代,这是我们值得祝贺作者和作者大作之理由。

作者是重新认识老子、爱因斯坦、牛顿、霍金的勇士。

作者的智慧代表了世俗智慧的高度。

《重新认识世界》的发现高度是作者生命的高度。

《重新认识世界》这一本书使作者永远站在人生的峰巅。

《重新认识世界》这一本书是他人生的别称。

《重新认识世界》这一本书是他生命的代表作。

有《重新认识世界》这一本书,作者这一生还要什么呢?

作者教所有的人把已知的物质可以分等等知识概念、概念知识必须进行一次革命。

《重新认识世界》最普遍的意义是,每个人的智慧高度是无限的,而许多许多人的智慧或许根本未发现、未开发。

《重新认识世界》这一本书让作者实现了自己的中国梦。

我推荐这本有创新促进步的书,它值得让大家一读。学习它能让人看穿世界,彻悟社会和人生。

2013 年 6 月 19 日

(张怀群,中国作家协会会员、中国民俗学会理事)

前　言

当我们穿越时空
　　去寻找我们的根本
　　今天的一切
　　都源自物质的造化
我们都源自
　　宇宙膨胀
　　　　和量子起伏
让我们用新的文化思想
　　加上新的科技知识
　　　　去再次深入认识这个纷杂的万物
从而刷新我们的这个世界
　　让它顿展新姿
　　　　再次绽放娇容

目录 | contents

重新认识物质

——三种物质构成了一个万华世界

世界是物质的

但我们至今对物质的认识却莫衷一是

对物质的定义大相径庭

为了真正说清我们这个世界

必须先说清物质到底是什么

物质——世界的本质!

物质——宇宙的根本!

然而，物质到底是什么?

该用什么定义才算准确，

我这里用通俗的语言，予以全面阐述。

物理学的发展给了物质日益准确的定义，

哲学的进步，从物质中引伸出半物质和非物质。

物质、半物质、非物质，

这三种物质，

才构成了一个完全的世界!

才构成了一个完整的宇宙!

导　读

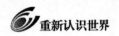

重新认识物质

一、令人困惑，世界是物质的，然而什么是物质，却众说纷纭，莫衷一是

世界是物质的。

物质是世界的本原。

没有物质便没有世界。

上面这些至关重要的结论和名言成了我们各种学说的基础，成为人类今天安身立命的至理名言，成为每个人溯本求源，明白世理天道的最终信条。

当我们追问什么是物质时，打开各种书籍，才发现，这个组成世界的物质，人类却众说纷纭，大不相同，让人如同走进了哈哈镜宫殿，越来越看不清物质的真面貌。

归纳起来，物质在神学、哲学、物理、化学等不同科学中各有各的界定和观点。所以对物质的定义是千差万别，难以定论。

打开《哲学辞典》（吉林人民出版社），对物质是这么解释的：

物质：是存在于意识之外的转移，同时又能为人的意识反映的独立存在的客观实体，它的唯一特性是客观存在。

又在"物质观"中说：

是指对物质总的看法和根本观点，历史上各种不同的哲学派别持有各种不同的看法甚至根本对立的观点。

物质的本质特征就是客观存在性，而物质的客观存在性并不同具体存在的实物、粒子和场相脱离。

而最近出版的《辞海》对物质是这么解释的：

物质与精神相对，不依赖于意识，而又能为人的意识所反映的客观存在。世界的本质是物质的，意识是物质高度发展的产物。

运动是物质的根本属性

时间和空间是物质的存在形式

自然界和社会的一切现象运动着

物质是世界上的一切现象（社会现象和自然现象）的根本特性的最高概括。因此不能把它同自然科学中关于物质结构的学说相混淆。

世界是统一于物质，物质的唯一是客观存在的。物质世界能为人的感觉和意识所反映，但不可穷尽。

而物理家则十分明确指出："物质即是由粒子、原子构成的东西。"

化学家认为："门捷列夫元素周期表中所反映的所有元素才是完全意义上的物质。"

神学家则更加明确："精神是世界的本原，先有精神，后有物质，物质是精神的派生物，并且不是真实的存在着。"

而作为普通人，一般都以物质来指称实物，即生活资料，金钱等供人们接触和实用的具体物。

上述"存在即物质"，"实在即物质"，"精神即物质"，"实物即物质"等不同物质观，大相径庭。而科学高度发达的今天，应该有一个统一的定义和规范，把人们从雾中看花中引导出来，只有这样，我们才能全面而科学地认识物质，才能准确地说清这个世界。

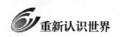

二、人类经过对物质的漫长认识过程，逐渐揭开了物质
的神秘面纱

物质到底是什么？从哪儿来？这是至今还没有弄明白的事。
但人们孜孜不倦，对物质进行了无休止的探索。从科学角度说，
有根有据的认识过程，确实经历了漫长的历程。

早在公元前400年，希腊人德谟克利特和伊壁鸠鲁认为，物
质是由微小、坚硬、看不见的称为原子的粒子构成的。

公元前300年，希腊哲学家柏拉图和亚里士多德都相信，可
以不断地把物质分割成越来越小的部分。

长达数百年之久，人们信奉亚里士多德的说法，认为世界上
有四种基本元素——土、火、空气和水。

在公元1500—1700年，矿工、染布工和陶工在制造领域充分
利用金、土等化工物质。

1700—1800年，人们发现气体分子扩散到气瓶里的空气之
中，然后发现钠原子和氯原子结合成氯化钠。

英国人牛顿（1642—1727）描述了微粒是如何互相吸引和排
斥的。

拉瓦锡（1743—1794）用氧气取代燃素来解释燃烧和其他化
学变化。

这期间，人们开始用价廉而质优的铁来炼钢，并制造出蒸汽
轮船的钢制部件。

1808年，英国化学家道尔引进元素和化合物都是由原子和分
子组成的近代化学观念。

1830年，德国化学家注意到碳是生命的有机化学基础，并认
为煤的主要成分是碳。

这期间，使用天然气和石油的内燃机问世。

1869 年，俄罗斯的门捷列夫设计元素周期表，根据原子量把元素分类并按族排列。

1897 年，英国物理学家汤姆逊发现电子，这种发现表明原子并非最小的物质。

19 世纪，潜在有害的 X 射线被发现，20 世纪以来，改造成有用的医疗手段。

科学家深入研究原子核，发现更小的质子和中子等粒子。

1909 年，密立根测量了电子上的负电荷。

1911 年，卢瑟福发现电子有个核。

1913 年，玻尔发现电子壳层。

1932 年，夸克饶夫和瓦尔顿率先研制成功粒子加速器，为此他们获得了 1951 年诺贝尔物理学奖，该设备很快发现了粒子的多样性，发现了二百余种亚原子粒子。

夸克饶夫并提出夸克模型。

2011 年，美国和欧洲建立宏大无比的加速器，并且宣告，已经初步发现了物质的终极最小粒子——上帝粒子（即希格斯玻色子）。该色子一旦确定，物质的神秘面纱将被彻底全面揭开。

三、我们虽然认识了物质，但物质究竟是从哪儿来的呢？

世界是物质的。所有的一切，大到宇宙，小到纳米，岩石、动物、植物、美玉、鲜花、雪花……山之伟，海之澜，水之长，林之秀……睁开眼睛，处处是物质，闭上眼睛，自己就是物质。

人们通过两千多年的努力，结束了亚里士多德认为物质可以无穷无尽分割下去的看法，人们即将揭开终极不可再分的上帝粒子的秘密。构成物质的各种粒子、原子、分子已经被人们所熟知。人们现在又提出，组成这一切一切的物质，是从哪儿来的呢？

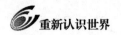

西方的上帝，东方的女娲，以及各路神灵创造了各地的万物生灵。除了神仙，谁能把物质创造得那么多，那么奇，那么美，那么妙，那么和谐，那么生动，那么有趣。谁有这么大本领呢？

然而崇来拜去，上帝和神仙却谁也没找到。于是人们开始了新的探索。

历史上曾出现了多种对物质起源的看法：

（1）原有说：该说认为物质是与世俱有，原本就永恒存在的。

（2）清浊气阴阳变化说：中国古代认为原本存在着清气和浊气，浊气有质量，下沉而构成物质（地）；清气无质量，上升为非物质（天）。后来，该学说又逐渐演变成阴阳五行，构成万物的学说。

（3）色空说：印度人曾认为，色是物质，空是非物质。"色即是空，空即是色"，认为物质可以转化成非物质，而非物质也可以转化成物质。但归根结底，物质（色）是由非物质（空）转化而来的。

（4）正负能量合成说：该说认为物质在乌有之中出现正能量和负能量，正能量产生了正物质，负能量产生了负物质。

（5）隧道效应说：该说认为，在虚无之中，通过隧道效应，一些小物质开始产生了。

上述的各种说法，各有各的道理，但都没有充分到无懈可击的论证和论据，只能属一种假说。

物质到底从哪儿来的呢？随着现代科学对宇宙演化的不断探索，以及物理化学对物质构成的深入研究，出现了两个值得重视的学说。

"恒稳态学说"：1948 年，爱因斯坦作出了恒稳不变的宇宙模型，并提出宇宙的总体特征是恒稳不变的，只是新的物质在不断地生成而已。后来，随着对宇宙的更多观测，人们发现宇宙在不断快速膨胀，恒星也是生生死死，变化不已，恒稳态学说，现在已不受重视。

1933 年，美籍俄罗斯人加莫夫第一次提出了"创世大爆炸理论"，该理论起初并不受重视，但随着科学技术的逐渐深入，现在已经成为当代物质形成、宇宙演化的主体理论，得到了全世界主流科学家的认同。该说认为：物质是在 150 亿年前一次创世大爆炸中开始形成的。

四、137 亿年前的创世大爆炸，开创了物质和宇宙的新时代

"大爆炸"创造了物质和宇宙的学说如日中天，当前成为主流。这里我们不妨从法译本"少年大视野"丛书《宇宙奥妙》一书中看一看这一学说是如何描述宇宙大爆炸的情景的：

今天，对于宇宙的形成，许多科学家都倾向于"宇宙大爆炸"学说，而且认为宇宙仍然不停地膨胀，但是没有人知道这次大爆炸的具体时间，因此，也就无法知晓宇宙究竟多少岁了。

宇宙中的一切物质，光、能量都是诞生于爆炸之中的。但大爆炸发生在什么时候，宇宙究竟多少岁了？天文学家也不知道答案。可能是 100 亿年到 200 亿年之间，也可能是 150 亿年前，这时间已经不短了。相比较而言，太阳、地球才诞生 50 亿年，而早期人类的出现距今还不足 200 万年。

宇宙像一只气球

人们可以根据宇宙膨胀的速度来推算宇宙的起初年龄。很显然，这个测量是十分困难的，这要求准确地确定出相距最远的星系间的距离。但是如何测量这个一直在膨胀的气球的间距呢？这是一个难题。

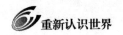

从地球的角度来看，星系好像是仅仅远离我们地球。但是，事实上，它们相互之间相距很远。地球不是运动的中心，而宇宙也没有中心。大爆炸发生在哪里呢？处处都在发生。

形成恒星的微粒

组成现在物质的所有微粒，都是在极高的高温下，在大爆炸事件后的几分钟之内形成的。但是这离它们聚集成星系和我们所知晓的恒星，还有很长的一段时间。

浓缩的能量

在宇宙诞生的时候，它仅是一团浓缩的能量。在温度高达数万亿摄氏度的环境中，宇宙是十分热的。它立即开始膨胀，同时会逐渐冷却下来。第一批微粒即光子（光的微粒）、夸克和电子产生的时间，宇宙才用了不到一秒钟。

第一秒

由于宇宙继续膨胀和冷缩，温度下降到一万摄氏度，但仍是十分热的，而事实上第一秒仍没有结束。夸克有充足的时间使 3 个基因相互紧贴，它们形成了质子和中子。所有不安分的微粒会不停地碰撞，如同一个真正的气泡。

夸克

夸克是如今我们知道的物质的最小组成部分，在一种力的影响下，3 个基因相互紧贴，如同橡皮筋一样；同样大的力，又会使它们分离。

3 分钟

宇宙刚庆祝了它的第一步，温度就下降，直到目前的 100 亿摄氏度。质子和中子开始聚集，形成第一个原子核。

最初形成的都是些比较轻的原子核，有氢、氦，还有锂，当一切都完成后，宇宙才刚刚过了 3 分钟。

第一颗原子

最动荡的时期已经过去，随后是很长的平静期，这种平静期大约持续了 30 万年。在这段时间里，光子、电子和原子核逐渐形成，但它们还没有完全形成。

最终，电子核成功地聚集到一起，形成了第一批真正的原子（氢、氦、锂、铍是必不可少的）。

宇宙继续膨胀，变凉，星系和恒星不久就产生了。

上述对创世大爆炸的描述和宇宙的大致形成过程说明：

（1）宇宙的主体是物质，即由上帝粒子、电子、夸克、质子、中子、原子核和原子组成的物质。原子的大量出现说明物质达到成熟和稳定。

（2）创世大爆炸之前与之中，就开始有了能、热、电、光（光子）、力、辐射等半物质。

（3）创世大爆炸是物质和半物质的一次最剧烈地变化和运动，所以表示变化的时间诞生，产生物质运动的空间开始。

（4）宇宙中的物质和星球，只有运动和变化，并没有时间和空间。而时间和空间是非物质，是变化和运动的标志。

（5）通过不断探索和追求，科学家逐渐统一了认识，认定大爆炸距今是 137 亿年。

五、创世大爆炸，除物质而外，还产生了些什么？

英国青少年科学百科全书中这么写道："150 亿年前的这次大爆炸，产生了所有的物质、能量、空间和时间。"这显然说的不全，从上篇的描述中伴随爆炸产生的还应该有力、光、热、电等。

就按此四种说，物理学家认为，构成这个世界的不仅仅是物质，还有能量、空间和时间。

也有一部分物理学家认为，空间和时间是物质的存在形式，是物质的一部分。

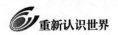

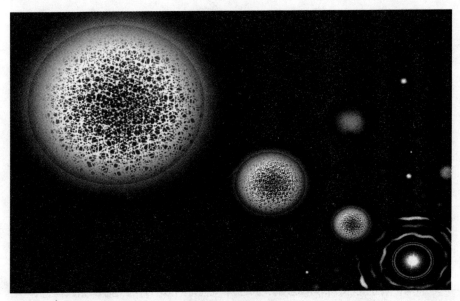

创世大爆炸

创世大爆炸从一个奇点开始，宇宙逐步膨胀至今仍未停止，将来预计因不断扩张而冷却，或突然被黑洞所吸收而又塌缩回到时空的原点。

而认为"存在即物质"的哲学家认为，物质、能量、空间、时间既然是存在的，它们统统都应归属于物质。

实在物质论者认为，物质即由夸克等粒子、原子构成的实际有形体质量的东西，能量、时间、空间是无形体质量，更不是粒子、原子形成的实物，它们不属于物质。

而化学家认为，每种物质都蕴含着能量，所有的化学反应都是能量的交换，所以，能量是物质的性质或本性，也应属物质的范畴。

神学家则认为："物质之外存在着精神、信仰和意识，这是客观存在的，这些是相对于物质的另一世界。"

现在有一批科学家认为："时间、空间和精神、信仰、意识一样不属于物质本身。"甚至一部分科学家认为"时间根本就不存在"。

　　不同的学派面对大爆炸出现的事物，却有着各自不同的解读，这也冲击着"世界是物质的"这个重要的结论。

　　同样的事物，为什么会有这么多不同的结论呢？问题出在对物质的定义上，不同的定义产生了不同的认识。所以，弄清楚什么是物质，是对物质认识的关键。

　　从目前科学研究的深度看，对物质的认识已接近登峰造极。那就是含质量的微小极限物质——上帝粒子即将破解，各种粒子已被人类认识，原子、分子已成为一门成熟的科学。色子、粒子、原子、分子的基本特征是有质量，有形体。把这种东西称为物质才是具体实用和科学的。

　　相对应物质的运动和变化而形成的延伸产物如时间、空间、精神、意识，既无质量，也无形体。我起个名字，应该叫作非物质。

　　但是，在介于物质和非物质之间，还有能量、力等客观存在的东西，它们既不是有质量有形体的实际存在，又不像非物质那样测不出、摸不着。这类物质我这里也起了个新名词叫半物质。

　　由此可见，英译《百科全书》说大爆炸产生了物质、能量、空间、时间四者是不准确，也不全面的。而应该是创世大爆炸开始，出现了"上帝粒子、夸克等粒子、原子、分子"构成的有形体有质量的物质。也产生了"时间、空间、精神、意识"这类无质量、无形体、无能量、无力量的非物质。还产生了能、力、光、电、磁等无质量，无形体但有能量，有力的半物质。

　　把一切存在就是物质的存在观细化成物质、半物质、非物质三者，它们有联系，但又各自独立，各有特征。这样，这个世界就不再是一个笼统朦胧的世界。这三种物质的产生，构成了一个完整的世界。而世界的任何东西，都属于这三大类，无一可以例外。

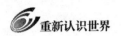

六、应该准确、规范、统一、科学地定义物质，把人类从概念混杂中解放出来

物质在自然科学和社会科学中都是研究的根本主题，然而这个主题却被各学科和学派按需肢解，它展现在世人面前的是如变脸般被理解的各异形态。科学已基本揭开了物质神秘的面纱，给物质下准确定义的条件已经具备。下面不妨对物质从里到外，全面予以分析，最后给物质下一个准确、科学、统一、规范的定义。

1. 物质是由色子、粒子、原子、分子等具有形体的东西所构成

亚里士多德相信物质不是由粒子构成的，东方的先贤们也认为物质可以"一尺之垂，日取其半，万世不谒"。根据他们的看法，一个物体可以无止尽地分割成越来越小的小块；永远不存在不能被进一步分割的物质颗粒。然而，一些科学家，比如德谟克利特认为物质本性是颗粒性的，所有的东西都是由大量的各种不同的原子组成的，所以原子名称的原意，即是不可再分。牛顿认为这是对的，他认为包括光都是颗粒性的，尽管后来被人证明光还有光波性。后来原子虽然是物质的基本形态，但又被发现它仍然可以再分成质子、中子或各种粒子，目前发现最小的物质是夸克。但从量子力学分析，希格斯玻教授认定物质的不可再分的最小颗粒是色子，由于色子的这种特殊身份，人们把它称为上帝粒子。人们已发现了这个上帝粒子的踪迹。当然，大家预测，上帝粒子是物质不可再分的终点。

现在已知的最小物质是夸克粒子，它由三个基团构成，1932年就发现了它，在此之后又发现了两百多种粒子和亚粒子，至于原子、分子，已经成为人们熟知的物质元素。

夸克是很小的物质，但还不是物质的顶端源头。科学界的重大任务之一，便是积极寻找希格斯玻色子，人们对这种终极特殊的物质大为重视，喜讯不断传来，2011年，欧美两个实验基地共同报出，已经看到了上帝粒子的踪影。

2011年12月15日，日内瓦报道《科学家正接近"上帝粒子"藏身处》，文中声明说：

综合起来看，实验结果以富有吸引力的线索表明，科学家所追寻的粒子隐藏在一个很小的质量范围内。

如果说它是存在的，那它的质量很可能局限于116吉电子伏至130吉电子伏之间。

两项实验均显示最有效相撞的活性在125吉电子伏左右。新的实验结果将确定性提高到了99%，但仍远远不能算是已经发现，所谓确定就是出现错误的可能性不超过千万分之五。

从上述报道中，我们是已经接近最伟大的突破——上帝粒子的证实指日可待。

无论色子、粒子、电子、原子、分子，以至到后来的有机物、细胞、基因等这些构成物质的基本要素，它们都是客观具体的存在，并且有形体让人们看得见或者测得出。形体是它们的共同基本特征。

现在又相继论证和发现了与色子、粒子、电子、原子相对应的负物质、反物质、暗物质，这一切都属于有形体的物质范畴。

2. 质量是物质的又一本质特性

质量是量度物体惯性大小和引力作用强弱的物理量。

从上帝粒子开始，物质的另一个本质特征是质量，所以有人称，物质就是质量披上了形体的外衣。色子、粒子、原子、分子

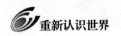

无不具有质量。

质量是具体和实在的,质量是判断是不是物质的一个硬指标和实际界线。

3. 物质除形体和质量之外,还隐含着能和力

物理学家认为,物质有质量就表明物质蕴含着力的存在,物质除了形体和质量两个基本特殊特性外,在体内还隐含着力,起码有引力,因为没有引力,物质的质量也不复存在。没有力,任何物质也不会永无休止的运动。现在的量子力学发现,物质除引力外,还有电磁力、强核力和弱核力。所以说,所有的物质都隐含着力,并表现着运动。

化学家认为,物质的任何化学变化,都是能量在交换,任何物质都隐含能,能隐含在物质体内,又表现在物质体外,往往还以热、力、电、光、磁等形式反映出来,这其实都是能的表现形式。能是物质的又一本质表现。所以在能的不断交换中,物质才有了千变万化。

4. 运动和变化是物质又一基本特性

物质在隐含其力和能的促使下,是用不断的运动和永无休止的变化在表现着自己,运动和变化成了物质又两个显著的特性。

综上所述,物质的本质是有形体,有质量

物质的特性是隐含着能和力

物质的表现形式是能运动和会变化

形体、质量、能、力、运动和变化形成了物质的基本特性,只要具备了形体和质量就称之为物质,只要是有形体、有质量的物质,就必然其内隐含着能和力。由于物质隐含的能和力,物质就自然而然地会不断运动和变化。

形体、质量、能、力、运动、变化展现了物质的全部风采。

用这六点去衡量物质，认识物质，区分物质，就会准确、科学、统一、规范地定义物质了。

5. 对物质的定义

物质的构成：上帝粒子、（夸克等）各种粒子、电子、原子、分子、有机物、细胞、基因及暗物质、反物质、负物质等。

物质的本质：有形体、有质量（无论正负）。

物质的特性：隐含着能和力。

物质的形式：能运动、会变化。

物质的定义：任何有形体、有质量的东西都称为物质。

七、从物质体内隐含和分藕散发出一种无形体、无质量，但却确实存在，而且影响巨大的东西，我这里起名叫半物质

在创世大爆炸的全过程描述中，我们知道，它起始于一团浓缩的能量，大爆炸表现出了极大的力量，同时伴随而生的是热、光、电等。之后物质又分藕散发出磁、声、辐射、不可见光等。

从物质的定义看，能、力、热、磁、光、电等一类东西，是既无形体，又无质量的。但是它们却基本都表现出能和力的特征，是测得到并实实在在存在的实体。它们虽和物质密不可分，但却有重大明显差别。为了准确、科学和统一规范，我这里把这一类物质取名为半物质。

我遍查各类辞典，还没有半物质的说法。但是为了准确无误地表达物质，又准确科学地规范这类物质，把它们定为半物质是有充分道理的。

（1）物质是有形体、有质量，并有能和力的，这四者俱有

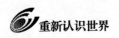

者，物质也。

而半物质却只有能有力，却无形体和质量，是二有二无，取其半也。

（2）物质是实实在在，能测能看能摸能感的实体。而所有半物质则半实半虚，若隐若现，是能测能感，却不能摸，大多看不到的东西，虚实显其半也。

（3）物质是独自存在，独展风采的东西，而半物质却蓄存于物质，依附于物质，从物质中分藕散发而出，是依附而生、相伴而存。同时又展现出与物质不同，自具特色的东西。是生于物质，不同于物质，独立于物质之外的东西，乃半依半立者。

（4）物质是以色子、粒子、原子为基础构成的看得见摸得着的，有形体空间的东西，而半物质却是以无色子、粒子、原子构成，无固定空间，而是以场、波、流的形式表现自己，形成看不见摸不着的影响空间。

（5）物质的变化是热能的变化，而半物质的变化是能、力、光、热、声、磁等各种变化。

从上面的差异中我们可以看出，按存在论我们一直笼统地把能、力、光、电等划归物质，这显然是不科学的。把这类明显有别于物质特性的领域划归半物质，将更科学具体和实用了。

半物质的主体是能和力，能和力既独立存在，像引力场、热范围区，都集中了巨大的能和引力，能和力又隐含在所有物质和半物质体内，使之运动和变化。

另外，独具特色的半物质有：

热：热源自物质的运动，人们称它为热能和热力。

电：原子核外有一至多个电子在高速绕转，电子带有电，有正电荷、负电荷之称，它在特殊情况下在导体内流动，形成电流。它虽然人看不见，但如果去摸它，人就会有触电感觉。电可以形成电流、电场和电波。

磁：磁铁等物质有磁性，可散发出磁力线，形成磁场，磁和电可以互相转换，形成电磁波。

声音：物质的振动会产生声音，它由能和力驱动，可以传播到很远的地方，声音以波的形式传播。

光：光是微粒流，但却无质量，它从光源物质中飞出来，作直线运动。光有微粒性，又有波动性。光速是速度的极限，每秒约30万公里。

电磁波：电可生磁，磁可生电，它们的快速转换能形成电磁波。

辐射：某些物质是有放射性，像镭、铀等，放射性像场一样影响一定区域，形成辐射。辐射有一定的穿透力，一般人看不见，却对人身体形成伤害。

上面只说了一部分具有代表性和作用突出的半物质，但实际存在着许多半物质，如信息、思维、记忆、味道、知觉等等，它们神奇，来无踪，去无影，但却在能和力的运动中，实实在在存在，并处处表现着自己。

由于这种具有无形体、无质量、无物质基本特性的东西广泛存在，所以，极有必要把它们归成一大类——半物质。

（6）半物质的定义：

半物质以场、波、流的形式出现，如电流、声波、磁场、信息流、电磁波、电磁场等，半物质也和物质一样，是能运动和会变化的。

半物质的本质：物质有形体，有质量

而半物质无形体，无质量

和物质一样都隐含了能和力

半物质的特性：和物质一样，能运动，能变化

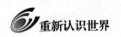

半物质的存在形式：完全找不到色子、粒子和原子等物质的形体元素，又毫无质量可言，却测得到，以半实半虚的形式实际存在。即以场、波、流的形式表现自己。

半物质的构成：是能和力的驱动。

半物质的定义：由能和力的驱动，无形体、无质量，但却有运动、能变化，一种源自物质，又独立于物质的东西即称为半物质。

八、由于物质（半物质）的运动变化行为，相对应形成了意识、精神、空间、时间等一大类型的非物质世界

新出版的《辞海》中，对物质的解释中首先认为**"物质与精神相对"**。显然认为精神意识不属于物质，它与物质的关系是：**"意识是物质高度发展的产物。"**

这里的"高度发展"是指什么呢？其实是说物质的运动变化行为，物质和半物质都有运动和变化的特性。而这个运动变化的结果便相对应产生了空间、时间、意识、精神这类事物。我这里把这类事物起名叫非物质。

显然，意识、精神、时间和空间与物质和半物质有着更为明显的差别，它们相对于物质，但却和物质有着本质的差别。

三类物质	非物质	半物质	物质
本质	无形体	无形体	有形体
	无质量	无质量	有质量
特性	无能	有能	有能
	无力	有力	有力
行为	不运动	有运动	有运动
	不变化	有变化	有变化

所以，非物质对应物质的有形体、有质量、有能、有力、有运动、有变化的本质、特性和行为，却只是物质的行为反映，它本身是无形体、无质量、无能、无力、不运动、不变化的。

对非物质的定义

非物质的特点：无形体、无质量

非物质的特性：无能、无力

非物质的形式：不运动、不变化

非物质的本质：是物质（半物质）的运动变化行为的标志或写照。

这就像一个人说话，并把话记录成文字。人是由有质量、有形体的细胞组成，属于物质。说话的声音，属半物质。记录的文字是非物质。文字既无固定形体（各种语言有各种文字），又无质量，本身无能量，无力。自然也不会运动和变化，它只是人的语言的标志和写照。同样道理，就这样，自然而然对应物质的各种行为出现了一大类——非物质世界：

物质的运动行为出现了空间

物质的变化行为出现了时间

物质的运动和变化行为形成了物质之道——四维时空

星球的运行演化形成了天文学

太阳系的运转形成了大自然科学

有机物的变化形成了有机化学

细胞的进化形成了生物学

人类的思维活动形成了社会科学

人类与地球的互动形成了人类历史

生物的生存活动形成了意识

人类的生存斗争形成了精神

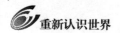

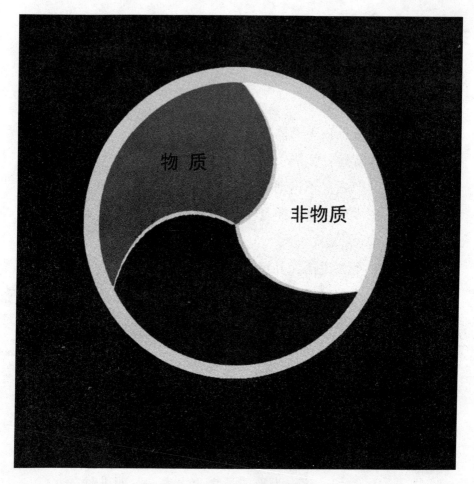

三种物质构成一个完整的世界

物质、半物质、非物质，这三种物质构成了一个完整的世界

物质：是由各种正负上帝粒子、夸克等粒子、质子、中子、电子、原子核、原子、分子、无机物、有机物、细胞、基因、生物等构成的有形体，有质量，有能有力，能运动会变化的东西。

半物质：是由光、电、磁、热、辐射、不可见光、思维信息等以波、流、场表现的无形体，无质量，有能有力，会运动能变化的东西。

非物质：是由时间、空间、意识、精神、科学技术、学问等既无形体，又无质量，不含能，也不用力，不运动更不变化的东西。

上述的空间、时间、四维时空之道、天文学、大自然科学、有机化学、生物学、社会科学、人类历史，都和意识、精神一样，属于非物质世界，它们的共同点，也是本质即无形体，无质量，不含能，不用力，自身并不运动，更不会变化，它们只是客观反映物质所发生的行为，写照它们的本来面目，标志物质运动变化的情况，一旦抽出物质（包括半物质）的运动和变化这个实际，所有非物质便不复存在。

九、最早出现的非物质是空间和时间，细胞的出现便开始了精神和意识的时代

创世大爆炸的第一时间、物质、半物质都开始产生，由于大爆炸本身是一种运动和变化，大爆炸的运动变化行为的直接结果，便是空间和时间的同时产生。

1. 是运动创造了空间

当第一个上帝粒子产生，这个点状粒子便开始了运动，点的运动形成了线，线的运动形成了面，面的运动形成了体，体的运动形成了星球，星球的运动形成了宇宙。从此物质的形体空间，半物质的影响空间，星球的宇宙空间，生物的生活空间……一系列的空间从此形成。

点线面体形成了空间的基本形态，运动的三个方向——长宽高成了三维空间的基本要素。

空间源自物质的运动，而针对这种运动形成的空间去如何认识和建制定轨？长宽高、公分、米、公里等单位是人的一种科学设定，是用来标志物质运动的幅度大小。

对于物质的形体，表面看，它不是运动的。但这个形体的构成，完全是粒子、原子在不断运动中形成的。如果一旦粒子不再运动，形体便会塌缩成一个小不点。一个地球会塌缩成一个核桃大，甚至会消失得无影无踪。

所以，我对空间的结论如下：

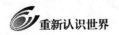

（1）空间和物质相对，属于无质量、无形体、无能、无力，自身既不运动，也不变化的非物质。

（2）空间永远是物质运动的标志，无论是什么类型、形式和环境，它只是为了反映物质的运动形态。物质只有运动而没有空间，空间只是人类针对运动和运动形态所给予的一种描绘。

2. 时间是由于物质和半物质的变化形成的

时间的主体是物质。物质（半物质）有无时无刻变化的特性。物质的变化产生了时间，没有物质，没有物质的变化，时间便无从说起。

（1）物质的变化和变化过程产生了时间，时间是人们为了说明物质的变化行为所作的一种设定。所以说，时间是物质和半物质变化的标志。

（2）物质只有变化和变化过程，而没有时间。时间是用物质自身标准的变化去衡量对比其他所有物质的非标准变化，它只是人为的一种科学设定。

（3）有了物质，而且物质有了变化，就相应有了时间。时间是相对应于物质变化行为的非物质。它和文字是语言的标志，意识和精神是人的行为标志一样，时间属于独立的非物质范畴。

（4）创世大爆炸开始有了物质，物质的产生便开始了宇宙和万物万事的诞生。大爆炸本身就是一次大变化，所以时间就从那一刻的变化开始了。

鉴于上述论述，对时间的结论是：

时间的缘由：物质和半物质的变化形成了时间，无变化便没有时间。

时间的定义：物质和半物质的变化和变化过程的标志。

时间的表现形式：有什么样的变化，便有什么样的时间。

总时间是从大爆炸开始，如果宇宙结束，时间即告结束。

3. 三种物质世界的划分，准确地引导出时间和空间的本质，既符合牛顿的绝对时间和标准空间论，又适应于爱因斯坦的四维时空论

牛顿的绝对时间论认为，只要拿着准确的钟表，不管走到哪里，都可以准确地测出任何变化的时间。因为变化和钟表的指针一样，都是像火车顺铁轨，一维地向前走。这符合所有地球人的常识，即地球上的任何变化，都是在地球这个质量引力下的常规变化，钟表绝对准确地反映了这种变化。

牛顿的相对运动论，也符合他的标准空间设计，因为无论是绝对运动和相对运动，都是点的线运动，线的面运动和面的体运动，长宽高三个方向的运动形成了三种运动，而这种运动，形成了率直的线、平坦的面和规正的体这三种空间。所以，牛顿的标准空间是三维的空间。是物质的粒子运动形成了物质的形体空间。半物质的流、波、场形成了影响空间，星球的运动形成了宇宙这个无所不容的总空间。长度、面积、体积三维就可说明空间的一切。

显然，时间是变化的标志，空间是运动的标志的结论符合牛顿的一维绝对时间观和三维标准空间观。

20世纪初，爱因斯坦的两个相对论却完全颠覆了牛顿的时空观，他认为，牛顿的理论只是在地球这个人类熟悉的常规环境里所反映的物质运动和变化，由此而得出的空间和时间学说。

他摒弃这种把时间和空间各自独立、自成体系的看法。认为太空被各个星球的能量和质量所影响，让巨大变化的引力和速度充斥其间，这本身就是一个不率直，不平坦，不均匀规正的四维空间，当物体在这个弯曲空间里去运动，就形成了四维的相对空间。让物质在这个弯曲空间里去变化，就形成了四维的相对时间。

狭义相对论说明，物质在太空作点的线运动，当它的运动速

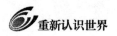

度加快，直逼光速，那它的形体空间里顺运动方向的一维长度会变短，而物质的质量变化会明显增大。也就是说，以光速运动的物质的形体空间和自身变化时间会随速度改变而改变。

光线运动是一维的点运动，这个线空间被急速变化的速度所弯曲，形成了二维的弯曲线空间，在这其中运动的物体，即产生了二维的相对时间和四维的相对空间。显然，光速中运动的物体所得出的空间和时间同物质在地球上，常速度下的我们所熟知的运动和变化大不一样，再不是绝对时间和标准空间了。这就出现了双生子悖论，说一对双胞胎，弟弟坐光速车上太空旅游，一年之后，弟弟回来了，年龄只长了一岁，个子也矮了一截。可哥哥却年已70高龄，个子也升高了。原来速度让"天上一日、地上百年"从神话变成现实。

广义相对论基于一个更革命性的思想，说质量、能量和引力使整个太空变成了一个四维的弯曲空间。任何物质在其中运动，其一维的线运动必然是走最捷的路线，结果形成四维的曲线运动，形成偏折弯曲的线空间和二维的变化时间，其二维的线运动会被翘曲成不平坦的四维空间和三维的相对变化时间；其三维的面运动会被折腾成不规正的四维相对体空间和四维相对变化时间。在这个弯曲空间里，光被偏折、弯曲甚至无法逃逸，电磁波被减缓了运行速度，水星的旋转会改变运行角度，物质体积会相对增大和变小。钟表在其中的指针行走速度会相对加快或减缓，太空各星球的质量所形成的巨大引力场改变了物质的正常运动形态和变化幅度，也就是说相应地改变着空间和时间。这个改变是将一维的绝对时间改变成四维的相对时间，三维的标准空间改变成四维的相对空间。两个相对论把各自独立的时间和空间搅和在一起，使物质的运动和变化同时发生。从此，正如霍金所说的：

相对论迫使我们从根本上改变空间和时间观念。我们必须接

受，时间不能完全地和空间分离并且独立于它，而是和它相结合，形成一个称做时空的客体。这些都是不容易掌握的思想，甚至连物理学家们也花了许多年才普遍接受了相对论。

从上面的说明和分析中，我们可以看到，牛顿的绝对时间论实际是把时间和空间搭了两个互不相干的舞台，时间的舞台上只有一维的变化在演独角戏，而空间的舞台上三个运动兄妹在跳三维舞。一维的时间和三维的空间就这么鸡犬之声相闻而老死不相往来。绝对时间和三维标准空间就这么貌合神离地独自展现着各自的风采。

爱因斯坦划时代地拆除了牛顿的两个舞台，把它合搭了一个更大的舞台，让一维的时间和三维的空间从此同台演出，再不分离，这个舞台叫弯曲空间。在弯曲空间的舞台上，物质的变化和运动交织在一起，一维的绝对时间变成了四维的相对时间，而三维的标准空间变成了四维的相对空间。从此，"你中有我，我中有你"的四维时空不仅影响着宇宙中发生的一切，而且受此影响，让我们处在一个有限但又是开放的和无边界的膨胀宇宙里，我们又处在一个极端微小但又严重封闭有条件的量子起伏中。而统一这对极大极小的两个极端世界，就是在弦上的那粒最不起眼的上帝粒子的运动和变化所引起的时间和空间。

意识和精神：打开《哲学辞典》，对意识是这么介绍的：

意识是高度发展、高度完善并高度组织起来的特殊物质——人脑的机能，是人脑对客观世界的反映。而意识形态即政治思想、法律思想、道德、哲学、艺术等各种社会意识形态的总和。

对精神，《哲学辞典》这么说：

是指人的意识、思维活动和一般心理状态，人们在实践基础上产生了认识、观念、思想、理论、路线、方针、政策、计划等。它是物质高度发展的产物，是物质世界在人脑的反映。

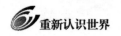

《辞海》中说：

精神与物质相对，常将其当作"意识"的同一概念，指人的内心世界现象，包括思维、意志、情感等有意识的方面。

意识和精神，是人的思维活动所产生的现象。显然它已经远远脱离了物质的本质，形成了无形体、无质量的、本身也无能无力的状态之下，是非物质范畴。

显然，非物质是物质运动变化活动行为的自然反映，它只是物质的影响，是镜子内反照的物质给人的一种影响。处在一种虚物质和无物质状态，这就形成了一种几乎与物质世界等量的非物质世界。

当宇宙从创世大爆炸开始运行至今，经历了物质、宇宙、太阳系、地球、有机物、微生物细胞、植物、动物、人类这样一个长达137亿年的运动变化发展。相对应，形成了天文学、物理化学、大自然、生态环境、微生物及动植物世界，以及人类社会等不可胜举的自然科学和社会科学现象，特别是人类的出现，人的行为与思维形成了意识、精神、作风、风尚、感情、思想等一系列非物质现象。人类在不断研究如何处理好人与人之间的人际关系，人在不断摸索如何利用自然和改造自然，这就形成了两大学问，一是文化思想，一是科学技术。文化思想是以人的语言文字为基础，形成了文学、艺术、体育、绘画、雕塑、音乐、舞蹈、影视、传媒等文化现象，形成了历史、政治、哲学、宗教、法律、道德、教育等一系列思想行为。同时又形成了工业、农业、商业、军事、医学等一系列的科学技术。

文化思想和科学技术，与时间、空间、意识、精神一样同属非物质的东西，但却构成了人类社会的重要组成部分，对社会发展，人类进步十分重要。

物质和非物质，就是这么一对互为因果的孪生姐妹，相连相通，但又不同不类，各自独立。

十、物质、半物质、非物质三者构成了一个完整的世界

综上所述，我从泛化认识的物质中区分出了物质、半物质和非物质三者，这如同将物质分为气体、液体、固体三种形态来认识一样，是为了更准确明了地并全面综合地去认识物质。

"半物质"和"非物质"是我新提出的名词，但它们却有不同的定义和特点，它们后面仍用"物质"二字，说明了三者之间，既关联又独立，互为因果的紧密关系。

1. 世界是物质的，物质主宰着世界。

物质不但具有无可替代的重要性，又具有无可比拟的广泛性，同时还具有独大独尊的唯一性。它虽然只是一个小小的粒子和小小的原子，然而它却形成了无穷无尽无数无垠的万物。整个宇宙，无数的星球，原子构成的物质，有机物构成的有机世界，细胞构成的生物，各种用品，各种器具……每物又万种，同为星球，却大小、形态、种类各不相同，恒星、行星、卫星、流星、中子星、黑洞……每种又生万态，圆的、椭圆的、气体的、液体的、固体的、发光的、放电的……物物万万相生，无穷无尽。没有物质，便没有宇宙，没有星球，没有生命，没有人类……也就是说，没有整个世界。

2. 世界也是半物质的，半物质充斥着世界。

半物质是一种有明显独立个性的东西，它的重要性和广泛性与物质并驾齐驱。

物质本身又隐含着半物质的能和力。而能和力是半物质的根本。在创世大爆炸之前，那团浓缩的能量团，或者是一个巨大的引力场，甚至是一个高能量高热量的奇点，就表示出能和力是早于物质诞生之前，就已经有了的东西。大爆炸的实质即展示了能

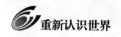

和力的风采，也可以这么说，没有能和力，就没有物质，甚至没有创世大爆炸。

能场和引力场是整个宇宙中最为广泛的东西，也可以说，整个宇宙就是一个大能场和大引力场。没有能和力，所有物质都将停止运动和变化，整个宇宙也不可能有持续了137亿年的大膨胀。能以热能、光能、电能等许多能量形式在表演着自己。能是变化之本，任何物质的变化实际本质都是在进行能量的交换。力是运动之本，量子力学称粒子、原子有四种力：引力、电磁力、强核力和弱核力，这些力既使物质粒子靠拢，又使粒子沿一定轨道运动。如果没有力，原子等物质就失去了运动的天性，星球停止了转动，光线停止了照射，生物停止了行走，人停止了劳动……这个世界将不复存在。

磁场、辐射、光波、声源等各种半物质形成的场、波、流更是充斥了整个宇宙。尽管它不像物质那样都看得见，摸得着，但它们却实实在在地存在着，并比物质占取了宇宙的更大空间。

假如没有半物质，这个世界就缺少了万象，就会冷如冰海，就会黑如墨山，这个世界就会塌陷冷却，这个世界就会终结完蛋。

3. 世界还是非物质的，非物质是世界的另一半。

非物质是与物质完全不同的东西，一个是，一个非，完全相反，正反对应。非物质却是世界的另一半，又一大主体。

假如说，没有空间去标志运动，宇宙的运动就说不清，如果没有时间去标志变化，这个宇宙的来龙去脉就道不明。

时间和空间是构成这个世界最基本的要素。"宇宙"二字，本身就表示着一种时空概念。

大自然、生态环境、人类社会、科学技术、文化思想等这一切，构成了一个对应于无穷物质的庞大非物质世界。人的语言形成了各种文字，生物的生活被录成了许多录像，照相机留住了过去的形象……而这一切，都是非物质世界。

非物质文化遗产是当今被重视的一个领域，这也是人类目前提出的非物质概念。

非物质是世界的又一主体，这一主体，既是重要的，也是广泛的。试看今日，由非物质的科学技术创造的诸如飞机、航天器等一大批科技新物质充斥世界，人类的智慧、精神、创造力、意识、文化、思想形成了主宰世界的又一种力量。

物质、半物质、非物质三者的统一，共同形成了一个完美的世界。

物质、半物质、非物质三者既独立，又统一，互为关联，互为因果。它们分散，各显风采；它们统一，就展现全貌；它们融合为一体，便构成了一个完整的世界，形成了一个完美的宇宙。

十一、三种物质的界定，既建立在西方现代科学的基础上，又符合"色空"和"阴阳"物质论的东方智慧。

物质通过创世大爆炸，从乌有到实有的产生，暗合了"色即是空，空即是色"的东方物质论，而三种物质的界定更符合老子所说的"道生一，一生二，二生三，三生万物，万物负阴而抱阳，冲气以为和"。

道生一，创世大爆炸之道产生了上帝粒子、夸克这一类基本物质。

一生二，从物质中又分藕出了磁、辐射、光等半物质。

二生三，物质和半物质的运动变化行为又出现了时空等非物质。

三生万物，物质、半物质、非物质三者的互动从此产生了万物万事。

万物负阴而抱阳，每一种事物都存在是与非，正与负两方面，

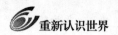

如正负电子、负物质、暗物质、反物质。

冲气以为和，万事万物追本溯源，都在物质的主宰中得到统一，它们表面是互相矛盾对立和冲突的，但本质终会取得平衡与和谐。

用色空说去衡量

色即是空，物质（色）转化成非物质（空）。

空即是色，非物质也可以转化成物质。

这便是高密度的能量团中产生了创世大爆炸，物质又可以产生能量的道理。

三种物质的界定既建立在西方"创世大爆炸"

老子

中国阴阳物质说的创始人。他的"有无相生"，"道生一，一生二，二生三，三生万物，万物负阴而抱阳，冲气以为和"的物质观基本揭示了正负物质和物质由一而进化成多样的物质进化雏形，后来又从物质的阴阳转化中朦胧地揭示了物质和非物质互相转化的关系。这些早在两千年前由老子提出的理论，在漫长的科学发展史中被一一逐步证实。

的理论基础之上的，又如上述所表现的，符合东方智慧。

所以说，老子的物质观是有先见之明的。创世大爆炸产生了物质，物质又分藕出磁、辐射等半物质，物质和半物质的运动变化特性，又产生了时空等非物质，三种物质互相运动变化和各自作为，生成了万物，万物生出万象，万象生成了万态，万态生出了万事，万事生出了万情，万情生出了万学。这万万相生，才构成了今天这无穷无数无限无尽的万花世界。

万物生万象

以粒子、原子为基本单位构成的万物，形成了 109 种元素，又化合成无以计数的化合物、混合物、聚合物，形成了整个宇宙和广袤的星系，形成了太阳系和地球，形成了地球和位居其上的生物与人类。这同时就形成了宇宙现象、星球现象、地球的地理现象、太阳系的自然现象、物质的化学物理现象、生物的生态现象。每种物质都以自己的风采和运动变化生出自己的独特现象来。

万象生万态

万象的世界就展现出千姿万态，同是一种花，却有红花、白花、兰花；同一棵树，却有小树、大树、老树；同一个人，却分婴儿、童年、少年、青年、壮年、老年；同一本书，有第一页、第二页、第三页；同是一页文字，有黑字、红字、白字；同是一个字，有行书、草书、楷书；同是一行书，有柳体、魏体、颜体；同是一本戏，有京剧、昆剧、秦腔。每一种东西，都会有不同的形态形成，所以万象中又生出万态来。

万态生万事

每种物质，不但会产生不同的形态，由于现象和形态的不同，又会生出不同的事情来，产生出不同的故事，如一个人在儿童时，有上学求知的故事，孝敬父母的故事，顽皮捣蛋的故事。在中年时，有打工拼搏的故事，有成家立业的故事，有生儿育女的故事，有夫妻恩爱的故事。同是星球，地球上有生物，生物又有许多种类，每种又是千姿百态，每态又会生出许多故事。红花鲜艳，白花洁净，兰花圣洁。同是一棵小树，有的可能长成参天栋梁，有的可能半途而废；兔子吃草，该草可口，另类则有毒。现象和形态的千差万异，所生产的故事千奇百怪，千变万化。

万事生万情

每一个故事都会引出不同的情感，大人对小孩，不同的人就

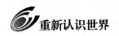

会有不同的解读，是教训？是教育？是关爱？还是虐待？对同一个人，会有不同的评价，好人、坏人、朋友、敌人。对同一个女人，称女儿、妈妈、还是奶奶，是爱人、同学还是同事。对同一件事，评好评坏还是有好有坏？对同一件事，是爱、是恨还是怒？对同一篇文章，是欣赏、学习，还是唾斥？对同一个过程，是参加、放弃还是坚持？对待任何一件事，生物和人都会有一种不同的态度，不同的感情，用不同的行为去对待。蜜蜂见花卉就会飞过去，狗熊见花卉会不理不睬。微生物见肉去分解，而虎狼见肉去抢夺。万事生万情，情情不一般。喜怒哀乐，悲欢离合，情爱仇杀，公平公正，情由事而出，事为情而困，万事生万情，万情生光辉。

万情生万学

这里指的万学，则是指人由万情生万爱，而万爱引导人去研究，去学习，产生出各学问、学术、学科和知识，归纳综合，万类学问可分为两大类；一类是源远流长的文化思想，二是门类繁多的科学技术。这两大学问，人们称之为社会科学和自然科学。

学问之多，可谓年年出，月月出，日日出。构成了可谓无所不在的非物质门类。但研究它的产生，无一不由那些善于思考，热爱生活的人，情之所至，大爱生活。

万情生万学，确实现在的学问之多，用大海高山形容都不为过，高深难以定论的时间、空间学说，争论不休的意识、精神属性，实用的文字，音符音律，虚幻的梦想、目标、追求，从人类社会学来看，历史、政治、军事、经济等门派众生，各说不一。从文化艺术上说，语言文学，音乐舞蹈，电影电视、戏曲杂技等不可胜举。从自然科学上来说，有生命科学、生态环境、天文地理、自然物理，等等。真可谓，从天到地，从东到西，从古到今，无所不是学问。

万物、万象、万态、万事，万情、万学构成了一个万花世界，构成了一个综合的宇宙。

万物负阴而抱阳

老子的这一物质说是极具超前大智慧的，它由清浊气分离说而引申出阴阳二物说，点出了物质最为本质的东西。前面我们长篇大论都把目光盯在了正物质说中，这只是物质的一半，甚至是物质的一小部分。而物质的另一部分是相对应的负物质，暗物质和反物质，这些和物质同样具有质量和形体，但却是相反的。

霍金在《时间简史》中就指出："我们的星系和其他肯定还包含大量我们不能直接观察到的'暗物质'。由于它对星系中恒星轨道的引力吸引的影响，我们知道它肯定存在。"

霍金又说："原子由更小的粒子、电子、质子和中子组成。对应于这些次原子粒子的每一种都有一种反粒子存在。反粒子具有和同胞粒子相同的质量。但是它们的电荷和其他属性均相反。例如，电子的反粒子称作正电子，它具有正电荷，也就是和电子电荷相反。可能还有由反粒子构成的整个反世界和反人类存在。然而，当反粒子和粒子相遇时，它们相互湮灭。这样，如果你遇到了你的反自身，千万别握手——你俩会在一次巨大的闪光中消灭殆尽。"

现代科学中证实的负物质，暗物质和反物质，我们的祖先老子在两千多年前，就英明言中了。

冲气以为和

这最能代表老子的惊人大智慧，我们的世界真是太纷乱、太繁杂、太迷幻、太神奇。在无数的万万之中，真让人眼花缭乱，不知所终所从，我们处在一个迷离和复杂矛盾的世界之中，万事万物都处在冲突碰撞、消耗和矛盾之中。然而，当我们溯本求源，追根刨底，才发现原来世界的一切都是由小小的物质所主宰，是

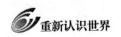

由一而生，物质、半物质、非物质三个物质世界所构成，万事万物万情万种，虽然千奇百怪，千变万化，然而它们都由物质的本性所操纵，由物质的运动变化规律所主持，它们都在纷乱中显得整齐，在繁杂中显得统一，在迷幻中倍显真性，在神奇中备展和谐。变幻莫测的万事万物都在规律之中运行，千变万化的现象在真性中运行，这种表面冲突无序，但根本却和谐归一的世界，真让我们倍感亲切和顺。这种现象上虽相互矛盾对立，但本质却由物质这个根本所操纵主宰，它总是统一和谐的。所以我们可以淡定浮云万变，以和了其一切。

然而，当我们静下心来，宁静思远，会发现原来这一切都是物质的造化。137亿年前的创世大爆炸，产生了物质、半物质和非物质。这三种物质的行为，造就了今天的一切。

创世大爆炸的宇宙说也进一步验证了老子的"有无相生"的物质观。在无中产生奇点而爆炸，在有万物的宇宙会热寂或冷缩而消亡。万物生死交替，有无循环进一步证实无中生有、有中生无的深刻道理。

更为重要的是物质的运动变化。在32亿年前，地球上开始出现了第一个细胞，从此开始了生物时代，7亿年前大陆开始出现，4亿年前大陆上动植物大量繁衍，7000万年前，人的祖先哺乳小动物鼩鼱的出现，400万年前人从猿中进化，基因的高级化，使人类走向了高度繁荣的今天。

人和各种生命都是物质的造化，是物质通过长达137亿年的进化发展而来。从这种意义上说，人类真正的母亲不是别的，而是物质。

我们应该崇爱物质，应该大声高呼："物质，我的母亲，我们爱您！"

结　论

1. "创世大爆炸"的第一瞬间，就产生了物质、半物质和非物质。

2. 物质是有形体、有质量、有能、有力、能运动、会变化的东西；

半物质是无形体、无质量、有能、有力、能运动、会变化的东西；

非物质是无形体、无质量、无能、无力、不运动、不变化的东西。

3. 物质主宰着世界，半物质伴物质而生，又独立存在，非物质是物质半物质运动变化行为的写照和标志。

4. "创世大爆炸"理论体现了无生有，一生二，二生三，三生万物的过程，是"色即是空，空即是色"的物质（色）和非物质（空）的一种转化。这个学说，是东方物质观和西方物质观的吻合。

5. 人类源自物质的进化，由无机物到有机物、到细胞进化而来，物质是人类的终极母亲，人类应该以"视物即母"的认识去崇敬它。

6. 通过对物质、半物质、非物质三种物质的划分，可以更准确全面地认识世界，更可以综合准确和清晰地认识宇宙。

重新认识时间

——物质的变化产生了时间

令人遗憾，

我们对时间竟茫无所知，

时间竟成了人类第一大谜。

时间是什么？

时间到底有没有？

时间是有始有终还是无始无终？

时间可以中止、循环、暂缓、恢复、保留、逆转、穿越吗？

时间，人人皆知，司空见惯。

时间，每时每刻，无处不在处处在。

然而，我们至今仍不知道时间是什么，到底有没有。

世界伟大的科学家牛顿、爱因斯坦都曾为研究时间作出了划时代的贡献。

至今，时间仍是人类的第一大谜。

本文应用最新的科学知识和独到的见解，引导大家共同认识时间，认识这个看不见、摸不着、说不清、道不明的怪物！

导　读

一、令人惊诧！我们至今还不知道时间是什么，到底有没有。

二、我的《重新认识物质》一章中，对时间作了全新的解读

三、当代科学家共识，时间是从"创世大爆炸"那一刻开始的

四、为了说明物质的变化行为，人类开始了对时间的设定

五、时间的设置，用规律的变化去衡量其他变化

六、人类在对时间的研究过程中，针对各种变化进行时间的分类定型

七、时间的规范和标准化，实现了地球人的时间建制

八、标准时间的确定，展示了它的科学性，实用性和完美性

九、时间科学，遇到了新的挑战

十、令人迷茫，时间为什么总是和空间交织联系在一起

十一、狭义相对论，用速度变化所形成的线运动，石破天惊地提出时空交织，形成了二维的时间论

十二、广义相对论，进一步让引力把空间翘曲，形成四维的弯曲空间，运动其中的物质变化，再一次显现四维的相对时间

十三、两个相对论，改变了我们的世界

十四、物质有什么样的变化，就会相应形成什么样的时间

十五、结论

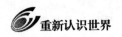

重新认识时间

一、令人惊诧！我们至今还不知道时间是什么？到底有没有？

最近，买了本新出版的中译版德国少年儿童百科知识全书《认识时间》，看了后让我大吃一惊。书中从头到尾，都反复说出："时间对于我们每个人而言都很重要……但是没有人能够说清时间是什么？"

该书的前言是这么写的：

有史以来，那些伟大的科学家和哲学家们一直都在思考这个问题。相对论的创始人爱因斯坦认为：时间就是一种标准。根据这一标准，我们可以把发生的事情按先后顺序进行整理。

另外，神学家奥古斯汀讲的也很精辟：

时间是什么？当我被问及这个问题时，我当然知道，可是当我准备解释这个概念时，却无从说起。

该书在《时间是什么》篇中是这么写的：

几千年来，哲学家、神学家和科学家都在思索着时间的概念。每当他们以为自己找到了答案的时候，却发现问题还是没有解决。……对这个问题的研究我们没有取得很大进展，在百科全书中，我们看到了诸如此类的答案：

"时间就是我们对于过去、现在和将来所感知到的先后顺序。"

"时间就是钟表所测量到的东西。"

"时间的作用就是区分先后顺序。"

甚至一些幽默的表达："时间就是当我们扔掉钟表的时候所拥有的东西。"

"时间是不可逆转的事件发生的先后顺序。"

宇宙也告诉我们，时间是按照一种确定的方向前进的。在大约 140 亿年前的"大爆炸"中产生并开始了它的无限扩张。

全书最后十分感慨而又遗憾地说：

时间对于我们每个人来说，都是非常重要的，可是没有谁能讲清楚，时间它究竟是什么？

这令我大为诧异，时间是我们人类最早认识和研究，每个人都心感身受的东西。特别是二位伟大的科学家、哲学家、思想家牛顿和爱因斯坦潜心研究的主题，并为此作出了划时代的科学成果。可至今又过了这么多年，怎么还给我们的儿童们说不清道不明时间是什么呢？

更有甚者，该书在《时间的起点和终点》一文中又说："世界上根本不存在绝对的时间，甚至有很多科学家断言，时间根本就不存在。"

这是怎么回事呢？我们每个人都使用的时间，是什么原因这么难以认知呢？

二、我的《重新认识物质》一章中，对时间作出了全新的解读

正如前章所述，在大量的推断论证中，关于时间得出了如下结论：

（1）时间的主体是物质，而物质有两大特性，运动和变化。物质的运动创造了空间，物质的变化产生了时间，没有物质，没

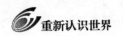

有物质的变化，时间便无从说起。

（2）物质的变化和变化过程产生了时间，时间是人们为了说明物质的变化行为所作的一种设定。所以说，时间的定义为：时间是物质和半物质变化的标志。

（3）物质只有变化和变化过程，而没有时间，时间是用物质自身标准的变化去衡量其他非标准的变化，它只是人为的一种科学设定。

（4）有了物质，而且物质有了变化，就相应有了时间，时间是相对应于物质变化行为的非物质，是无质量、无形体、无能、无力，既无运动，也不变化的非物质。

（5）无论是牛顿的一维绝对时间论，还是爱因斯坦的四维相对时间论，其实质都是物质变化的标志。

（6）创世大爆炸开始有了物质，物质的产生便开始了宇宙和万物万事的诞生。大爆炸本身就是一种大变化，所以时间就从那一刻的变化开始了。

这六点对时间的认识是否正确呢？我们不妨一层层拨开迷雾，重新一步步来论证认识时间。

三、当代科学家的共识，时间是从"创世大爆炸"那一刻开始的

长期以来，人们对时间的认识大都认为是无始无终的，当代世界出版社 2009 年出版的《探索太空与星际之谜》一书中，前言是这么写的：

宇宙是天地万物的总称，是无限的空间和无限的时间的统一，宇是空间的概念，是无边无际的；宙是时间的概念，是无始无终的。如果与一个人生命的长短作比较，宇宙可以说是一个没有中心，没有开始，无边无沿，无穷无尽，无始无终的物质世界。

显然，该书作者金明康沿用了传统的时空观念。而《认识时间》一书，在《时间的起点和终点》篇中却这么写道：

当宇宙大爆炸发生，出现有质量的物质时，时间就产生了。所以，时间可能还是有起点的，这个起点就是宇宙大爆炸。因为在此之前没有任何事物存在，没有存在，也就没有时间。

这两本书的说法，显然是大不相同的，但从科学家的主流认识来看，显然后者是最新的科技成果。

当代著名科学家霍金在最近发表的一篇科普文章《我们从哪里来》中写道：

我和罗杰·彭罗斯一道认为，如果爱因斯坦的广义相对论是正确的，就应该存在一个奇点，一个无限密度和时空弯曲点，那是时间的开始。

宇宙始于大爆炸，并越来越快地扩张，这称作膨胀。

霍金为我们点明了，奇点的产生、时间的开始、大爆炸的发生、宇宙的扩张的过程。显然，这伟人义无反顾地肯定，时间是从奇点产生、大爆炸开始的。

从大量的资料中，我们可以得出这样的看法：时间不是无始无终的，而是伴随着宇宙的诞生而同时产生。同样，许多科学家也认为，如果宇宙有一天不断膨胀下去，冷却而亡或停止膨胀，收缩而终，宇宙的消亡便是时间的终结。

大爆炸是时间的开始，大爆炸诞生了宇宙，宇宙又伴随着时间的始终，那么时间到底是怎么回事呢？

英译青少年科学百科全书对大爆炸是这么写的：

大爆炸理论是 1933 年提出来的，他们认为，整个宇宙当时被压缩得很小，当大爆炸发生后，它就不断膨胀，产生了所有的物质、能量、空间和时间。

那么为什么说，这时候出现了时间呢？

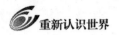

我遍查所有对创世大爆炸描述的资料，根本看不出时间的任何痕迹，大爆炸的过程只是一种变化和变化过程，而物质的形成也是一种变化和变化过程，而为了说明这个过程，科学家采用了时间——人们设定的标准时间，去对这种变化去作分段标志。

原来，大爆炸和物质的变化过程需用一种方法去衡量，去标示，去说明。而这种方式，在科学家们的努力下找到了，那就是设置了标准时间。然后，用这种标准时间去表达所有的变化，宇宙最早的变化是从大爆炸那一刻开始的。所以，人们便认为从那时便开始有了时间。其实，我们所认识的时间是牛顿时代才定形的。就像文字是标志记录语言一样，人说的话并不是文字，文字是人类对语言的一种标志。物质、变化行为和时间的关系，就如同人、语言与文字的关系一样，物质和人是物质的，变化行为和说话是半物质的，而时间和文字是非物质的。这一点我在前章中已有详细论述。

四、为了说明物质的变化行为，人类开始了对时间的设定

创世大爆炸是一次最为剧烈的运动和变化，这个运动变化的主体是能、热、力等半物质和夸克、原子、分子等物质的产生。但如何去说明这个运动和变化的大小快慢程度呢？于是，人类创造和设定了时间的概念。

所以说，时间不是物质的，物质只有变化，而时间是人类的文化思想，人类用这种科学思想设定，去衡量标志物质和半物质变化的大小快慢幅度。

我们不妨看一看，时间是如何反映变化的。

宇宙变化是一个漫长缓慢过程，所以用亿年、千万年、万年去说明这个变化。

地球绕太阳旋转，每转一圈，人们逐渐掌握后，便设定为一年。

地球自转一圈的变化，人们便设定为一天，当转向太阳的一面为白天，背对太阳的一面为夜晚。

时令季节是对地球的气象气候变化的说明，春夏秋冬则说明农作物的生长变化情况。

为了说明一天的变化，人类又用划时段的办法，把一天分为二十四个小时，以便让人们更好的掌握自己一天的各种动作行为。

地质岩石的变化缓慢，人们就设定了纪、代、百万年、万年去标志它。

一个人的变化又用婴儿、儿童、少年、青年、壮年、老年去标志。

人类社会则用朝、代、时期、年代去记述它的发展变化。

科学研究要求准确，而且物质的物理、化学变化速度很快，物理学家则设置了非常短的时间去标志它。时、分、秒、渺秒、飞秒、皮秒等。人们甚至用普郎克时间 10^{-43} 秒，这个不可想象的快的时间去描述物质的超级快速变化。

从上面随意所提的各种时间设置都针对了一个主题，即变化，包括运动位置的变化。而且很明显，任何物质和非物质都无时无刻不在变化。这个变化，一般都有个过程，为了标志说清这个过程的长短幅度，人们便设置了时间，所以说时间的定义不是说不清，而是既简单又明了。

时间是对物质的变化过程的说明和标志。

简言之：时间即变化的标志。

五、时间的设置，用规律的变化去衡量其他任何变化

时间是人们为了说明变化而设置的标志，然而这个标志却让

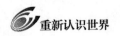

人类煞费苦心。

最早对时间的认定是人类用心的感知变化去衡量。由此产生了模糊的时间概念，如气候的变化而确定的春夏秋冬，人生的成长确定的婴儿、幼年、青少年、壮年、老年等。人心灵中的钟表只是对变化说出了时间的大概轮廓，很不准确。

早期人类文明研究最多，也是最成功的是用天上的"钟表"。即人们身处地球之上，所以地球的变化是他们关心所有变化中最为核心的内容。同时，人们通过长期的实践，掌握了地球绕太阳，月亮绕地球的运行变化是有规律的变化，所以通过这种变化规律，人们制定了历法。确定了地球绕太阳一周为一年，月亮圆缺变化一圈为一月，地球自转一圈为一天，地球迎太阳一面是白天，背对太阳是夜晚。各种历法的出现综合反映了地球转动，气象、物候、生物生长和各种生产生活之间的综合变化关系，这个时间是集大成的时间。所以，成了反映对比各种变化的最基本的时间标志，例如对宇宙的变化历程，就用地球的年去衡量，长达 140 亿年。太阳形成 50 亿年。物质、动物、人等也都用此来衡量自己的变化过程。我国古代认为木星十二年一周天，一周天十二次，一年移一次，乃称一年为一岁。古人把木星所在位置作为纪年的标准，所以称木星为岁星。这是岁星纪年法，十二年为一纪。显然，这个天上的钟表要比人们心中的钟表准确得多，这也就形成了时间的基础标志。天上的钟表解决了年、月、周、日、白天、黑夜的时间划分和设置，但一天的变化仍然种类繁多，用一个什么样的标准去衡量呢？于是人类用各种测时的方法开始了新的尝试。

我们的祖先很早就认识到，稳定燃烧的火焰，每小时总是消耗等量的油或蜡。我国在很早以前，人们就用浸了油、打了结的绳子来计时，绳结之间的距离都是相等的，当火焰烧到一个结时，便证明经过了一段确定的时间。

后来，人们用带有小洞的蜡烛来计时，当蜡烛燃烧到刻度时，说明一段确定的时间已经结束。同样的道理，油灯的耗油量也是人们用以测时的工具。

英国国王阿尔弗雷德在 9 世纪就用 6 盏蜡烛时钟安排他的每天日程，每根蜡烛燃烧 4 小时。因此，国王总是知道何时处理财务，何时学习，何时要做祷告，何时用餐和就寝。

沙漏和水漏时钟同样是利用沙流和水流的规律性，去衡量每天的变化。沙漏时钟大多由两个梨形的玻璃器组成，中间留细管。当上面瓶内的沙子全部流入下面瓶子时，说明持续了大约 5 分钟时间。

水的均匀流出便制成了水钟。漏壶是中国古代观测时间的仪器。周礼、史记、汉书都有关于漏壶的记载。漏水总以百刻，分于昼夜。

中国古代所观察的天体，直接以太阳为对象，所用的仪器就是"圭表"。圭表是一根直立的杆子，根据杆影的长短进行计算。杆影最短时叫夏至，最长时叫冬至。从杆影长短变化周期中，知道一年是 365¼ 日。一千年以来，人类大都把太阳作为一种重要的计时工具，古巴比伦人很早就发明了太阳时钟。其原理很简单，即利用阳光的影子移位变化来确定时间。太阳位于南方最高位置时，树立的柱子的影子最短，此时太阳钟正好指向 12 点，影子每移动一格，便是过了一个时辰。

从上面不难看出，时钟的设计即以一种规律的变化去衡量一天的变化。古代两河流域的巴比伦创建一星期为七天，至今承袭，世界通用。

我们祖先创造干支，十天干十二地支，相配成六十甲子，以计算年、月、日、时，周而复始，循环使用。殷墟甲骨文字有干支的象形，早在殷朝已有干支的记载。干支纪年法，从东汉建武

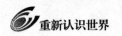

三十年（公元 54 年），至今已使用 1958 年。《史记·律书》记载着干支纪月法，至今已有 2100 多年，从未间断。干支纪日法，甲骨卜辞都以甲子纪日，中国使用干支纪日至少从鲁隐公三年（公元前 722 年）开始，至今从未间断，已有 2700 多年，是世界最长久的纪日法。

随着科学技术和现代文明的发展，人们越来越需要用更快更准确的方法去衡量那些快而重要的变化。12 世纪，机械钟开始出现在教学里，机械齿轮钟利用重物下沉的方法使机械匀速运动，从而带动指针来指示时间。这样，一天划成 24 等分就更方便准确了。

17 世纪是钟表业的里程碑，因为此时摆钟出现了。

第一个摆钟是在 1657 年，由荷兰物理学家、数学家克里斯·惠更斯（1629—1695）建造的，他的想法是以伟大物理学家伽利略（1564—1642）的发现为基础的。

伽利略在 1583 年就已经认识到，钟摆完成一次来回摆动总是需要相等的时间，相对时钟计时等装置而言，这是一种理想的计时设备。

因此，他提出了一个设想：或许人们可以制造一个刚好在一秒钟内来回摆动一次的钟表。

1735 年，约翰·哈里森，这位业余钟表爱好者，他发明了适合船运导航的时钟，一直沿用了 200 多年。

钟表的发明把一天分为两个 12 小时，共 24 个小时，每小时又分为 60 分钟，每分钟分为 60 秒。秒的变化很快，所以，它可以衡量这一天很快变化的事物。

钟表的发明使人们逐渐形成了时间的观念。然而，这也导致了人们把时间看成独立存在的东西，而忽略了钟表时间，不过只是时针在变化的实际。

时钟图

时钟的月、日、时、分是由月亮绕地球的旋转变化而产生的。

月亮围绕地球旋转，地球围绕太阳旋转，这种运动引起的地球四季的变化，从此开始了人类对时间的研究，开始有了历法和时钟等时间的计量方法。

20 世纪 70 年代以后，石英电子式航海天文钟有了很大的发展，这是由于老式手表通常每秒钟来回振动 5 次，我们说它的频率是 5 赫兹，而石英表有更高的频率。石英表都使用一个石英晶片，它每秒钟振动 32768 次。

石英表要比机械表准确得多，30 年才有一秒的误差。

现在的原子表更为准确，使用原子作为进程调节器，铯原子可以存在于不同的能量状态中。

简单说明一下这种情况，原子从十转化到一，它们的放射频

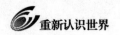

率为 91926317770 赫兹的电子辐射。这个频率是一个恒定的周期性过程，很适合用作钟表的进程调节器。

最好的原子钟（如铝/汞原子钟）非常精确，它运行 6000 万年所产生的误差只有一秒钟。

钟表从燃烧蜡烛、日影观测、重力钟表、钟摆表，到石英表的巨大进步，特别是原子表的绝对精度，使时间由模糊，到历法等标准时间，最后走向了绝对准确的顶点。人们认为，只要拿着准确的钟表，无论什么变化，所标志的时间都是绝对一样的，时间一下子飞跃到绝对的位置，被人们奉为了绝对时间。

然而，我们知道，每种时钟都必须有一个规律和周期的变化过程，如钟摆的来回振荡，地球的运行永远是一个最准的周期性、规律性的变化过程，而且是我们进行时间测定的基础条件。

钟表使时间走进了绝对的殿堂，然而它本身只是说明了周期性的变化，人们只是利用这个变化标准去衡量一天的其他即刻变化，除此之外，时间只不过是给这段变化起了个名字而已。

为了再次说明时间的这个属性，我们用另一个钟表，衰变钟表作论证。为了鉴定古代骨头，我们就用它在形成期所吸收一定量的放射性碳物质 C-14。生物死亡后，C-14 原子核发生衰变，因此在 5730 年以后，C-14 原子核仅存有一半，人们可以通过研究一件古代出土物的 C-14 含量。这种放射性元素的追踪法可以追踪到大约 40000 年的物质。

C-14 和所有钟表一样，起了两大功能，一是自己本身就是变化的，二是自己周期性规律性的变化可以去对比、论证、衡量、表示其他的变化情况和过程。

最近又报道出一种新核子钟，将比原子钟精准百倍。传统的原子钟是用电子围绕原子核运行的轨道表计时，电子相当于钟摆，以非常规则的间隔计时。但新的核子钟则利用激光使原子中的电子以一种十分精确的方式运动，其精确度甚至比利用中子绕原子核运动进行计时的计时器还要准确。中子被原子核牢牢锁定，它们几乎完全不受外界因素的干扰。所以它的准确度提升了两个数量级。可以前所未有的精确度帮助检测物理和量子理论。

六、人类在对时间的研究过程中，针对各种变化进行时间的分类定型

物质真可谓千变万化，但是智慧的人们却总是能找出衡量变化的方法。针对变化要求和特点，而设置了适合该种变化的时间设定。所以，时间也就出现了如下主要的时间类型：

模糊时间

历法时间

钟表时间

生理时间

虚拟时间

物理时间

绝对时间

相对时间

1. 模糊时间

模糊时间就是不精确地，简要地表达出变化的情景，例如：

对时代的大致标志：过去、现在、将来。

对当前的大致划分：昨天、今天、明天。

对变化的大致描述：快、慢、先、后。

一年的季节变化：春、夏、秋、冬。

对人类社会变迁：原始社会、奴隶社会、封建社会、资本主义社会等。

对地质变迁的划分：大古代、新生代等。

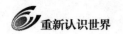

对生物的发育变化：初生期、幼儿期、成年期。

对人的变化时间划分：婴儿、幼儿、少年、青年、壮年、老年。

对婚姻的变化时间确定：铁婚、银婚、金婚、钻石婚等。

针对各种变化，人们用各种时间语言去表示，这虽然不够缜密，但基本可以反映不同的变化时段。

2. 历法时间

大约在一万年前，旧石器时代的人以捕猎和采集植物为主。对于那时的人来说，搞清楚季节的更替已经是生活所必需的，如冬天要准备食物储备。

9000 年前，在东南亚已经出现了最早的耕种形式。公元前 4000 年，中国已经开始种植小米，之后又种植大米。没有时间观念和季节知识，就无法适时下种。关于四季变换的观察和知识对于驯养家禽也是极为必要的。这就使人们通过观测掌握星象和物候之间神秘的联系。于是，大约在一万年前，人间的第一部历法就出现并写在了一些骨片上。

可以肯定的是，古埃及人已经发现：天王星在消失大约 365 天之后，又会在清晨时分的遥远天际闪烁着光芒，古埃及人很早就发现了 365 天的太阳年。

古巴比伦人很早就有了自己的历法，这也要归功于天文的观测。他们能快速准确地推算日食、月食发生的日期以及行星的位置。

英格兰南部的石头阵至今仍保持完好，它的内圈 29 个圆孔，外圈 30 个圈孔，这与每月 29.5 天相吻合。

历法的创造经历了漫长的岁月，而且创建十分艰难。这是由于地球绕太阳一圈不是一个整天数，而是 365.24219879 天，或者说是 365 天 5 小时 48 分又 46 秒。两个相同的一月份平均有

29.530589 天。

在漫长的观测中，人们在无钟表的情况下，这个数字长期是个谜。所以，出现了各国不同的历法，包括伊斯兰教历法、古埃及历法、儒略历法、古罗马历法、格里历法、东正教历法、犹太人历法等。

中国古代从"黄帝历"起到太平天国"天历"止，一共有102 种历法。

中国上古时期，人们使用"太阴历"，每月以朔望为标准，每月 29 天或 30 天。中国古代天文学家在春秋时已经知道一年是 365.25 天，把周天定为 365.25 度，太阳在天空每天运行一度。

我国殷朝已经是农耕社会，阴阳历并用，并用闰月来调和阳历。从甲骨卜辞中已经发现平年 12 月，闰年 13 月。中国古历把阴阳历调和得相当成功。春秋中叶，祖先已经知道"19 年 7 闰月"的方法。

二十四节气是中国历的特点，春秋已经知道"二分二至"，其余节气到秦汉之间才告完备。二十四节气在使用上的确给农民以极大的方便，如谚云"清明前后，种瓜点豆"。

秦朝采用"颛顼历"。汉武帝太初元年采用"三统历"，是中国史志所传最早的完整历法。

北朝祖冲文所撰"大明历"，颇多进步。

"大统历"是元"授时历"的改名，明朝使用 277 年。郭守敬撰"授时历"以 365.2425 天为一年，与现今相差 26 秒，相当准确。

明朝万历年间，西洋利玛窦来中国，徐光启向他学习，甚有心得。又聘西人汤若望编成"新法历"。清入关以后，汤若望改名"时宪历"，从顺治元年（1644 年）到清朝亡（1911 年），施用 268 年。

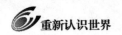

现今所用的旧历，即夏历、农历、阴历，就是"时宪历"，已应用369年，还要用下去。

公历期辛亥革命以后，1912年改用"儒略历"，这是国际通用的历法。以365.25日为岁实，也就是现今所谓"格里历"。

现在，在全世界推广新阳历，这即上面说的格里历。埃及是该历法的发源地，1875年才正式采用它。这种历法与太阳年相对误差很小，3300年的时间误差总计只有一天，历法对时间的贡献是建立了地球时间的基础，它确定了年、季、周、月、日。为整个标准规范的时间打下了基础。

3. 钟表时间

历法时间是以天上的"钟表"为基础，它的基本单位是天。显然这对一天之中的各种变化是难以标志的。于是开始了钟表时间，钟表借助振动变化的等时性和比较性，把一天又划分为两个12小时，每小时60分钟，每分钟又划分为60秒。这样，一天划分成84600秒钟，这么短的时间去标志变化，解决了相当长时间的问题。

随着石英、电子等钟表的发明和物理化学变化的快速，更短的时间又相继设定，普郎克时间为10^{-43}秒，这还认为时间段过长。

4. 生理时间

生物钟每天都影响着各类生物身体的功能，它会受到白天和黑夜的影响。其他的外部因素，如睡眠的时间，吃饭的时间或者压力也会影响到身体的功能。

生物钟即生物长期养成的习惯和节奏，形成了规律性的东西，如到时就要睡眠，到点就想吃饭，只要不被其他特殊事情影响，他们就会按照原本的生物钟去生活。

1970年，生理学家库特·里希特有个重大的发现，松果腺是生物钟的控制中心。

大量实验证明，植物、包括单细胞海藻也有生物钟。

5. 虚拟时间

时间针对的是物质的变化，但是时间也往往对虚拟世界用虚拟时间去标志。如明天，天上一日、地上一年，未来等都是虚拟的时间，对未来发展的各种预测，涉及时间应该都属于虚拟的。

时间是针对物质已发生的变化，而虚拟时间是按变化规律而推测想象的时间。

6. 物理时间

物理学家和化学家在对物质的研究中，发现了比秒更快的变化，这就需要对时间进行更深入的设置，于是就出现了对秒时间的层层分割。这种分割和使用，基本上是针对物理、化学研究的，生活也时有应用，如运动员的短跑比赛，就用 0.00 秒位。

目前秒以下的物理时间有一秒、十分之一秒、毫秒、微秒、纳秒、皮秒、飞秒、渺秒、普郎克时间。

从物理时间中我们可以看出，物质的变化已经快到难以想象的程度。科学家还认为，即使是百万分之一秒，也会成为永恒。

7. 绝对时间

艾萨克·牛顿（1643—1727）是历史上最伟大的哲学家、思想家和物理学家之一。他发现了许多自然规律，并将它们用公式表达出来。他用万有引力定律描述了两个天体之间的吸引力。

他在担任英国铸币厂领导时，对英镑的通用发行作出了巨大贡献。

对时间的研究和贡献，牛顿同样起到了划时代的作用。牛顿认为，时间是一样的，不可能因外界作用而改变，即只要拿着准确的钟表，到那里所得到的时间都是绝对准确的。牛顿的绝对时间论是地球上的人们近万年对时间认识的科学总结。所以，我们

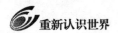

艾萨克·牛顿

他的《自然哲学的数学原理》一出版，立即成了物理学有史以来最有影响的书，他也很快成了名重一时的人物，被任命为皇家学会主席，并成为第一个被授予爵位的科学家。

而他的壮年大部分在激烈争吵中度过，那是因为他被卷入了两次版权争斗的官司中。他由于能量巨大而胜诉，他的"经典物理学"达到了顶峰。

晚年他得到了皇家造币厂厂长的肥差，使他获得了巨大财富。由于终生独身，他还是义无反顾地将这些财富统统奉献给了社会。

对上述的所有时间研究，都是以牛顿的绝对时间论为基础的。实践证明，时至今日，我们每个人都在通用着这种时间标准。

牛顿是伟大的，他确立的一维绝对时间可以把地球上的所有常规变化表示得清清楚楚、分秒不差。

我这里只想对绝对时间论的"绝对"二字，增添上新的内容，时间是以秒、天、年三个为最基本单位的，从目前的计量工具的准确性已达到绝对正确的一步。3000多年计量中只有一天的误差，时钟6000万年，只产生一秒的误差。现在新发现的核子钟，137亿年的总时间中误差只有1/20秒，可以说，时间计量确定达到了绝对准确的境界。

8. 相对时间

进入21世纪，又一位划时代的伟大哲学家、思想家、物理学家阿尔伯特·爱因斯坦（1879—1955）先后创立了两个相对论。

它否定了一维的绝对时间的存在，确立了新的四维"相对时空论"，对于这种四维的相对时间，我将在后面予以论述。

时间从类型和认识过程，大致分为上述八种。但物质既然是千变万化、不一而足，我想作为标志物质变化的时间，也一定还有我们想不到的类型出现。

七、时间的规范和标准化，实现了地球人的时间建制

绝对时间出现了，人类通过对前述的八类时间类型进行综合平衡，把模糊时间、历法时间、钟表时间和物理时间进行统一平衡和对接，按照规范、统一、标准、实用的原则，实现了标准时间的出台。

标准时间=模糊时间+历法时间+钟表时间+物理时间+普朗克时间

标准时间的出台解决了地球人对各种变化的认知，满足了对各种变化标志的需要：

1. 十亿年

在约 137 亿年前，随着"宇宙大爆炸"，宇宙诞生了，时间也由此产生，所以 137 亿年是自然界最长的时间段。

太阳和地球是 46 亿年前形成，10 亿年后，在原始海洋里出现了单细胞生物。

太阳里的燃料足够再燃烧约 100 亿年，它现在至少还可以再发光 50 亿年。

2. 一百万年

冰河世纪开始于 250 万年前，我们这个时期刚好处于一个较短的间冰期内。

400 万年前，第一个猿人出现。

6500 万年前，一颗直径约为 15 千米的小行星与地球发生了

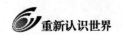

碰撞，这次灾难之后恐龙灭绝了，同时灭绝的还有 70% 的动植物。

仙女座的光线到达地球需 300 万年。

3. 一千年

孔子、老子、耶稣和罗马大帝奥古斯都生活在两千年前。

大约在 3 万年前，尼安德特人灭绝。

在宇宙大爆炸的 38 万年才形成了第一个原子。我们知道，在宇宙大爆炸的一微秒后就已经有了质子和中子。

4. 一百年

猎户座的 α 星的光线到达地球需要超过 400 年的时间，我们看到的是它 400 年前的样子。

太阳系最外面的矮行星——冥王星，围绕太阳运转一周需要 248 年。

5. 一年

一只鹦鹉的寿命为 70 年。

人的寿命可以超过 100 岁。

月亮与地球的距离每年增加 3.8 厘米。

6. 一天

宇宙飞船飞往月球大约需要三天的时间。

人类的心脏每天大约跳动 9000 次。

7. 一小时

许多活细胞分裂一次大约需要一个小时。

木星这颗巨大的行星在不到 10 个小时的时间里自转一周，其光线到达地球约需半小时。

8. 一分钟

人类的心脏每分钟大约跳动 60 次，鼹的心脏一分钟跳动 1000 次，太阳的光线到达地球需要 8.3 分钟。

在新宇宙的第一分钟里，氢和氦的原子核形成。

9. 一秒钟（是测量时间的基本单位）

在一秒钟内地球可围绕太阳运行 30 千米。

光线从地球到达月亮需 1.3 秒。

10. 1/10 秒（10^{-1}秒）

在 1/10 秒内，蜂鸟可以振动翅膀 7 次。

眨一次眼睛大约需要 1/10 秒。

11. 毫秒（10^{-3}秒）

蜜蜂振翅一次大约持续 5 毫秒。

宇宙大爆炸后的一毫秒内形成了新宇宙的质子和中子（原子核的基本粒子）。

12. 微秒（10^{-6}秒）

介子，最重要的基本粒子之一，平均寿命是 1.5 微秒。

光线在一微秒内可运行 300 米。

13. 纳秒（10^{-9}秒）

原子钟里面的原子每纳秒运动 9.19 次。

活跃的 K 介子，一种很小的粒子，平均存活 12 纳秒。

在真空中，光线在一纳秒内可运行 30 厘米。

14. 皮秒（10^{-12}秒）

最快的晶体管运行一次需要几皮秒的时间。

夸克，一种重要的基本粒子，大约只能存活一皮秒。

15. 飞秒（10^{-15}秒）

原子、分子的一部分，在 10—100 飞秒里上下摆动。

λ-C+粒子平均存活 230 飞秒。

比较快的化学反应需要 100—200 飞秒。

16. 渺秒（10^{-18}秒）

最短的可测量的时间是渺秒。

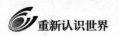

中性的 π 介子，一个很小的粒子，其平均寿命是 83 渺秒。

人们利用高速激光器可以制造持续 250 渺秒的激光脉冲。

17. 普郎克时间（10^{-43}秒）

是现在最短的时间单位。

普郎克时间短得让人难以想象。

马克斯·普郎克（1858—1947）是量子理论的创始人。

量子理论称，所有的东西都有模糊性，时间也一样，一个更小的时间单位——普郎克时间就处于这样一个模糊的边界，它是不确定的，也是没有意义的。

如果人们将物理学家可测的和可描述的各种微小的时间单位进行比较，就会发现，即使是百万分之一秒，也能成为"永恒"。

上述的十七个标准化的时间单位，是把历法时间、钟表时间和物理时间三者统一起来的系列时间，是全球人类共同遵守使用的时间计量单位。

我在时间建制后列了上述事例，即想进一步说明任何计量单位的设定，都是针对各种变化的。没有物质的变化，这些时间单位便无从说起。

如果没有天体运行和气象物候的变化，就没有历法时间。如果没有一天的白昼之分、早晚之别，人们的生活起居、劳作生产，就不可能有钟表时间。如果没有科学实验，没有人们的不懈追求，就不可能有物理时间。如果没有物质的千变万化，没有宇宙的产生发展，就不可能有规范统一的标准时间。

没有变化就没有时间。

时间是变化的标志。

物质和半物质只有变化和变化过程，而没有时间。

时间是人类为反映变化而研究出的科技成果，它和所有文化思想，科学技术一样属非物质的范畴。

八、标准时间的确定，展示了它的科学性、实用性和完美性

把模糊时间、历法时间、钟表时间、物理时间与普郎克时间对接统一起来的标准时间，完成了地球人对时间的统一认识。

标准时间的确定，说明人类对时间的认识具备了综合性、规范性、完整性、实用性、科学性和完美性。时间成为一门立意高深的基础科学，其意义是难以估量的。

标准时间综合了所有时间科学和计量方式，对人类所认识的各种变化，都可以准确地说明和表示。

绝对时间的标准性和统一性达到空前的一致，达到了既简单明了，又准确一致。

标准时间综合得十分完整，彼此衔接得十分通畅，浑然一体，架构合理。

标准时间十分实用，以致成为每个人都掌握、认识，并随时应用，不可或缺的实用技术。

标准时间是科学的，它反映了与物质的运动和变化行为，表现出非物质的本质、特点与特性。

标准时间是完美的，它简单、明了、好记、适用。与人们的生产生活达到了完美的结合，充分显示出完善性。

标准时间的确定，使人们逐渐把时间习惯地看成是独立的，绝对的，不可因外界作用而改变的。

人们用最美好的语言去赞美宝贵的时间：

抓住今天！（拉丁谚语）

人们常常想抓紧时间的时间却浪费时间。（约翰·斯坦贝克）

时间永不停步。（吕克特）

时间流逝。（德国）

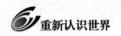

时光飞逝。（法国）

白驹过隙。（中国）

时光流逝。（俄国）

时光流逝如水。（波兰）

时间能医治一切创伤。（德国谚语）

如果不抓住时间，就等于没有时间。（波兰谚语）

由此可见，时间，成了人类不可或缺的科学知识，时间，成了人们的生活习惯。显然，标准时间的设置，是人类共同的集体智慧，是科学技术的一座高峰。

九、时间科学，遇到了新的挑战

当人们认为以牛顿为代表的绝对时间横空出世、超越一切之时，却出现了新问题。即有些环境变了，标准时间却难以准确表示出这种变化，例如人类对时间的感觉。

我们每个人都有这样的经历，一分钟或者一秒钟，有时很快就过去了，有时候却很难熬，简直像是无止境地延续下去。当我们去完成一项很吸引我们注意力的任务时，时间就过得很快。

难道时间这个公平的东西，在人们的感觉变化中失去了公平性吗？

对时间的感觉、错觉是经常发生的。如一个驾驶员，在危机处理时只有 8 秒钟可供他考虑对策，这 8 秒钟对于他来说，却像 32 秒那么漫长。这样，他就有足够的时间来思考逃生的策略了。

很多因素都可以改变我们对时间的感觉。例如无聊时，时间就过得慢；做有趣的事、高兴的事，就过得快；一对热恋中的人，时间几乎不存在了。

有一位试验者是一位年轻的工程师，他在日常生活中的时间感是很正常的。可是在实验中，他的生物钟很特别，周期是 50 小时，在一个周期中 33 小时是醒着的，然后再连续睡 17 个小时。30 天的实验结束后，他坚信自己只度过了 15 天。他对 50 小时的感觉等同于一般人对 24 小时的感觉。

当我们把历法时间对照太阳系中的其他行星时，却乱了套。如按天上的"钟表"，年月日来说：

太阳系的形成大约是在 46 亿年前，这显然是按标准时间去计算的。

金星这颗岩石星自转的速度快得多，金星上的一年只有地球上的 243 天，月却无从说起，24 小时一天也自然不适用。

土星自转非常之快，每自转一天只用 10.5 小时，而公转也不是 365 天，它有 18 个卫星围着它转，而不是地球只有月亮一个，所以基本没有一天的概念。

木星是个巨无霸，它是由氢气和氦气构成的，木星自转一周不足 10 小时，绕太阳公转一周需要 11.86 年，质量也是地球的 320 倍。

海王星的直径达 49500 千米，质量是地球的 17.2 倍，它绕太阳公转一圈要 165 年，自转一周需 16 小时。

天王星绕太阳公转周期是 84 年，自转周期是 17 小时。

可见，地球上的历法时间在太阳系中就乱了套，如果超出太阳系，就更不准确了。

显然，环境如果发生了大的变化，那么我们在地球上设定的时间也就随之变化了。

同样，钟表时间和物理时间在速度、引力、质量、形体、能量等的巨大变化中，绝对地位受到了新的挑战。

十、令人迷茫，时间为什么总是和空间交织联系在一起

钟表的发明和精准度的日益提高，再一次让亚里士多德的绝

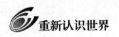

对时间论和牛顿的一维标准时间论走向了时代的顶峰。人类把钟表普及到地球的各个角落，它们都精准地表达了世界各地的时间变化，地球上的时间被统一的钟表测量得分秒不差。人类已经习惯地认为时间就是这么简单，它对物质的一维变化，就像是一条铁轨，只是让火车顺着它一直往前跑。任何变化和变化过程都沿着这个铁轨向前跑，差别只是快与慢的问题，时间是绝对一样的。

科学家的不断追求并没有因牛顿的绝对地位而中止，时间正如前文所说，在特定环境中，或者当你离开地球、走向宇宙，绝对时间将不再准确。他们相继发现，时间和空间这两个原本独立的概念，却怎么往往交织在一起，令人迷茫地形成了新的时空。即一维的变化和一维的点运动形成了二维的曲线时空。二维的线运动和一维的变化交织形成三维的曲面时空。这虽然难以理解，但人们逐渐明白了其中的奥秘所在，即物体的运动空间不是单纯的空间，而是有神秘物质在空间里变化。从而让物质的运动和变化交织在一起，这自然让标志运动的空间和标志变化的时间也交织在一起，这样就形成了空间维和时间维的相加。

最终彻底解开时空交织在一起这个秘密的人是一个 26 岁的专利局职员——爱因斯坦，他的狭义相对论提出了具有颠覆绝对时间意义的理论。

霍金是一位把爱因斯坦的理论发挥到极致的天才，他在自己著名的《时间简史》中这么写道：

著名的贝克莱主教是一位相信一切物体，空间和时间都是幻觉的哲学家。然而，同样著名的约翰逊博士却用脚趾踢着大石块说："我这样反驳他。"

在 20 世纪，科学家意识到，必须改变他们的时间和空间观念，正如我们将要看到的，他们发现，事件之间的时间长度，正如乒乓球弹跳之间的距离一样，与观察者有关。即时间不是绝对不变的，它和空间一样处在相对变化之中。站在火车上观察车厢内乒乓球的弹跳和站在铁路上观察乒乓球的弹跳，所得的运动形态是相对的，相应它们运动的所需时间也是相对的。即火车的一秒钟观察的乒乓球跳动只是一条相对的点运动，而形成的线（长度）距离，而站在铁轨前的观察者在一分钟内观察到的却是乒乓球弹跳所相对应的不是线运动，而形成的是面积。同样的一个乒乓球弹跳，观察者所处位置不同，所得时间和空间结果却大不相同。

霍金深有感触地说："他们还发现，时间不能和空间完全分离，并和空间无关！"并且惊人地提出："时间和空间是弯曲的，不可分离的。"

十一、狭义相对论，用速度变化所形成的线运动，石破天惊地提出时空交织，形成了二维的时间论

爱因斯坦在 1905 年提出的狭义相对论，其主要思想是：科学定律在没有引力现象时，对所有自由运动的观察者，无论他们的运动速度如何，都必须相同。这在当时全世界只有少数几位顶尖的科学家能看懂。原因是他的理解打破了人们的思维惯性，要让人们对时空的看法发生大转弯。

霍金在推介狭义相对论时说：

爱因斯坦相对论的基本假设陈述道，对于所有无论以任何速度自由运动的观察者，科学定律都必须相同，换言之，由于麦克斯韦理论指示光速具有给定的值，任何自由运动的观察者，无论离开或趋近光源多快，他们都能测量到同样的值。

显然，爱因斯坦狭义相对论认为，无论你从什么角度或什么

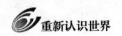

方法去观测，光的速度 30 万公里/秒却永远不变。这是宇宙中绝对的最快速度，其他任何物质运动速度都不可能超过光速。

由此得出如下重要的结论：

（1）同时性是相对的，即两件事发生的先后还是同时，在不同参照系看来是不同的；

（2）物体的运动长度是相对的，即运动物体在其运动方向上的长度要比静止时缩短；

（3）时间的质量是相对的，即运动的时钟将比静止的时钟进行的缓慢；

（4）物质的质量是相对的，物体的质量随运动的速度增大而增大。同时，爱因斯坦还推算出他最为著名的质能关系式：

$$E = MC^2$$

其中 C＝光速，E＝能量，M＝质量。

上述结论在物体高速运动时效应更显著。经典力学是相对力学在低速情况下的近似。

上述是对狭义相对论的精炼总结和说明，该理论提出，在高速运动直到光速这个极限，物质的形体、质量、能量和力这自身的四大要素都相应发生着变化，而这个变化，和我们习惯了的常速情况大不相同。由于物质的运动和变化都在改变，那么标志它们的相对空间和相对时间也自然而然地随之改变。

牛顿的常速下的绝对时间观显然只是考虑线运动（即一维的光速运动）的情况，单纯一维的变化的时间。而爱因斯坦把一维的光速运动中的物质和其另一维的物质变化相加，形成了二维的时空论。

霍金计算出速度对质量的影响数据：

只有当物体以接近光速的速度运动时，这个效应才真正有意义。例如，一个物体具有 10％的光速时其质量只比正常值大

0.5%，而具有90%光速时，其质量会比正常值的2倍还大。当一个物体接近光速时，其质量会上升的越来越快，这就需要越来越多的能量才能使它进一步加速。根据相对论理论，一个物体事实上永远达不到光速，这是由于到那时，它的质量会变成无限大。而且质量和能量等效，需要无限大的能量才能达到目的。

质量、运动、速度、光速是狭义相对论的核心，物质在高速度中，不光质量相对变化，物质的形体也随运动方向，相应变短了，自身的变化速率也相应发生了变化。如果直接把一个石英钟表让它以接近光速的高速在空中前进，就奇迹般地出现了这种情况，钟表的振动频率会大大减小，指针会大大迟缓。它走一小时，而地球上的钟表却已走了22小时之多。

钟表飞天的设想在粒子寿命中得到验证，现在我们很容易通过高速运转的微粒，来证明速度对物质自身变化的影响，一种在地球的常速运转的粒子，寿命只有80微秒。而让其在接近光速的运动之中，它的寿命延长到1.5秒，是常速情况下的53倍之差。

由此推断，当一只宇宙飞船以光速从我们身边飞过，历时22秒，但是宇宙飞船的钟表却只走了一秒钟，说明飞船上的时间比地球上的时间慢了22倍。也就是说，地面上一年开花树，如果种在光速飞行的飞船上，它22年才能开出花来。

根据爱因斯坦的狭义相对论，当达到光速的宇宙飞船运行了70年，地球上已过了1540年。由此他引伸出双生子理论；如果一对双胞胎兄弟，哥哥在光速宇宙飞船中只过一年时回来，自然是青春焕发，弟弟已年过70，成了白发老人。速度让运动变化中时间奇怪地出现双胞胎悖论。过去我们在神话小说中说"天上一日，人间一年"，从相对论来看，这不是神话，而是科学事实。

双生子悖论图

坐光速火箭从天上飞回的年轻哥哥见到双胞胎的弟弟却满头银发，年迈苍苍。双生子悖论说明这真是"天上一日，人间一年"。

速度、光速、运动、变化、空间、时间这一切，都在狭义相对论中，互为因果地联系在一起，相对地发生着联系和交织。

一维的运动速度和一维的物质变化共同形成了一个狭义相对的不再平直的线空间和不再绝对的相对变化时间。

霍金在总结狭义相对论时说：

相对论迫使我们从根本上改变空间和时间的观念。我们必须

接受，时间不能完全地和空间分离并且独立于它，而是和它结合，形成了称作时空的客体，这些都是些不易掌握的思想，甚至连物理学家也花了许多年才普遍接受相对论。

十二、广义相对论，进一步让引力把空间翘曲，形成四维的弯曲空间，运动其中的物质变化，再一次显现四维的相对时间

爱因斯坦把 1905 年的相对性理论称作狭义相对论，这是因为，尽管它非常成功地解释了光速对所有观测者都是相同的，以及当物体接近光速的速度运动时会发生什么，但是它和牛顿的引力论不相协调。牛顿理论认为，在任何物体之间相互吸引，其引力依赖于那个时刻它们之间的距离，如果你移开其中一个物体，那么加到另一个物体上的力会即刻改变。也就是说，如果太阳突然消失了，麦克斯韦理论告诉我们，光要走完这段到地球的距离还需 8 分钟后才能暗淡下来。但是牛顿理论却告诉我们，地球会立即觉察到太阳的吸引不复存在而飞离轨道。这样太阳消失的引力效应以无限大的速度，而不是狭义相对论提出的那样，以速度低于光速到达我们这里。

这个新的问题让爱因斯坦去寻找一个与狭义相对论相协调的引力论。历经十年磨炼，1915 年，他提出了更具革命性的理论，广义相对论出台了。

广义相对论提出，狭义相对论只是在广义相对论的万有引力场很弱的特殊情况。广义相对论认为，引力和其他力不同，它不是力，只是时空并不平坦这一事实结果。也就是说，物质的存在和一定的分布状况使时间和空间变得不均匀，时空中质量和能量的分布使时空弯曲或翘曲，这使整个太空处在一个四维的弯曲时空中。

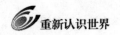

前面所说，地球这样的物体并非因为受到称作引力的力的作用而沿着弯曲轨道运行。相反，它们之所以沿着弯曲轨道运行，是因为它们身处在弯曲空间中。在这个弯曲空间的环境里，它们遵循着一条最接近直线的路径运动，这个路径称作测地线，用专业语言说，测地线的定义就是相连两点之间的最短路径。

显然，这完美地解决了地球由于太阳消失，引力改变的缘故而飞离的推断，维护了光速不可超越的绝对尊严。

爱因斯坦把整个太空弯曲的原因归结于各个星球的巨大质量和能量，这些质量和能量所发出的引力把整个太空搅扰成四分五裂，并千变万化的引力大小的区域。这些区域使运动其中的物质发生弯曲。使一维的点的线运动不再平直，而是发生弯折，形成二维的曲线。使二维的面运动不再平坦，而是发生弯曲，形成三维的扭曲面积。使三维的体运动形成的体不再规正。物质在引力变化中的弯曲空间里运动，结果就会出现四维的相对时间和四维的相对空间。从此，太空的弯曲空间让绝对时间销声匿迹。

广义相对论给予万有引力的全新解释，即科学定律，对所有的观察者，不管他们如何运动，都必须是相同的。把万有引力解释为四维时空的曲率，即是宇宙的一种物质，而非物体间的一种力。由此它使宇宙空间弯曲形成弯曲空间。把一个物体扔进这个弯曲空间里，就像扔在了一个弹簧床垫上，重物平衡的运动到床垫中心的低洼处，整个床并不是被砸了一个坑，而是形成一个弯曲的面。

光亦毫不例外，它穿越这个空间，也会被引力碰撞而发生偏折。这在实践中很快得到验证。1919年，一支英国的远征队从西非的海岸观测日食，证明了光线的确被太阳偏折。正如理论所预言的那样，他们看到了隐藏在太阳背面本不能看到的星球。英国科学家为这种发现而兴奋欢呼。

　　广义相对论的另一个预言是，在诸如地球这样的大质量物体附近，时间流逝应该显得较缓慢一些。爱因斯坦在1907年就首先意识到这一点，结果这也得到了实践的证实。通过测量雷达波在太阳引力场中往返传布，在时间上有明显的推迟，这就以更高的精度证实了弯曲时空中物质情况。

　　另外，在引力场中的电磁波的光谱线向红端移动，更进一步说明弯曲时空有变化的改变情况。

　　1962年，人们利用安装在水塔顶部和底部的一对非常精密的钟表，再一次检验了由该理论而引伸的预言。在水塔底部的钟表由于更接近地球，走得较慢，而水塔顶部的却快一些。这说明地球引力场在距离上的变化，靠近地球中心近，弯曲空间的引力大，钟表就走得慢。当然这个效应很小。

　　我们不妨从地球到太阳两点连一条线，让钟表沿此线前进。那它一定是从地球出发，钟表逐渐加快，当走到月亮的轨道位置时，它走到最快。然后由于太阳引力场的缘故，它又开始逐渐变慢，到达太阳，钟表会比地球上的钟表慢一分钟。变化形成一条两头变缓的弯曲的线。

　　时间在弯曲空间的变化同样影响我们的生物钟，假如我们再找一对双胞胎兄弟，让一位居住在山顶上生活，另一位则留在海平面，则山上的那一位会比海平面上的衰老得快。尽量由于山上二处高差不大，引力变化也比较小，但是生物钟的这种差别却是明显的。

　　尽管太空中有无数个星球，但它们无一例外地在太空这个弯曲空间里沿着引力的安排去走自己弯曲的道路。尽管广义相对论和牛顿引力论推导的方法不同，但它们所预言的行星轨道几乎完全相同。水星轨道的偏差最大，作为最接近太阳的行星，水星受到最强大的引力效应，并且它的椭圆轨道被拉伸得厉害。广义相

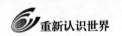

对论认为这个效应尽管很小，但它还是在1915年之前很久就被注意到了。这也成为验证爱因斯坦理论的最早证据之一。

近年来，人们用雷达测量其他行星轨道，这和牛顿预言的轨道有微小的偏差，但发现却和广义相对论的预言高度一致。

广义相对论进一步颠覆了牛顿的绝对时间论。变牛顿一维时间为四维的相对时间，时间科学又进入了一个新的现代科学的殿堂。它指出了时间不是用标准的钟表就可以精准地测量出来，而是和质量、能量相联系，由引力这个弯曲空间所主持，由身居其中的物质运动和变化所表现，最后才是用空间和时间去标志。

无论牛顿的一维绝对时间，还是爱因斯坦四维的相对时间，只是物质所处环境不同，但时间所标志的是物质的变化，这个本质却无丝毫的改变。

十三、两个相对论，改变了我们的世界

1915年以前，人们认为空间和时间是两个独立的世界，钟表的发明和牛顿经典理论的成熟使时间更是走向了绝对的殿堂。狭义相对论提出了二维时空，也未从根本上动摇一维绝对时间和三维标准空间的地位。而广义相对论却从根本上改变了人们对空间和时间的认识，提出了全新的四维弯曲时空。物质在四维弯曲时空里运动，形体、质量、引力、能量四者根据弯曲空间的曲率变化而相应改变。从此，标志物质变化的时间也就相应的随变而变，成为四维相对时间，标志物质运动的空间也相应地变化，成为四维空间。

时间和空间的新理论让我们对时间的认识走向了复杂化，产生了前面说的，时间到底是什么，谁也说不清的人间大谜。

霍金有句名言："**引力使时间改变，而且引力超强，则效应就越大。**"准确地说：引力使物质的形体、质量、能量的变化改

变，而且引力越强，则效应越大。相应标志变化的时间也越大。物质的任何成分变化，都使标志它变化的时间发生变化。前面粒子的寿命就说明了这一点。爱因斯坦因两个相对论而伟大，相对论划时代的改变了对时空的认识。牛顿的绝对时间论同样是伟大的，绝对时间不但是地球变化的时间标志，而且任何时间都是以标准变化去对比说明其他任何变化。标志绝对时间的钟表不但长久地在地球上使用，它也是对比标志四维相对时间的标准时间。所以说，爱因斯坦和牛顿都使用同一种钟表去标志各自不同的时间变化。

爱因斯坦

1905 年，作为瑞士专利局的一名职员，还默默无闻的爱因斯坦发表了一篇著名的论文，文中指出："只要人们愿意抛弃绝对时间的观点，以太的观念就纯属多余。"同时他发表了狭义相对论。牛顿的经典物理学开始向另一个高峰进军。现代物理学诞生了。

爱因斯坦的广义相对论的发表，时空从此再不平坦，引力和能量使空间弯曲。物质的运动和变化从此以人们无法想象的新方式展现出来。

两个相对论是一个指向终极的理论，它们指出了时空弯曲点的终端，让时间和空间从大爆炸的奇点开始，又让它们到大塌缩的奇点里结束。

两个相对论指出了两个极端的世界，一个小小粒子，原子的世界和一个正在膨胀着的极大的宇宙世界，这使整个世界观念发

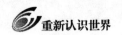

生了革命。正如霍金所说：

1915 年之后的几十年间，对空间和时间的这个新理解变革了我们的宇宙观。正如我们将要看到的，一个动态的膨胀的宇宙的观念已经取代了一个本质不变的宇宙的旧观念。一个不变的宇宙也许已经存在了无限久远。并将无限久远地存在，而一个动态的宇宙似乎在有限的过去起始，也许会在将来的有限时间里终结。

十四、物质有什么样的变化，就会相应形成什么样的时间

尽管人类对时间的探求已有万年之久，但时间这个若隐若现、似有似无，和物质若即若离，让人类感觉似梦似幻的怪物，至今让大家捉摸不透，与物质一起千变万化，稀奇古怪。牛顿认为它是绝对的准确，只要有一只精准的钟表，就可以走遍天下；只要一维地往前走，就可以测量出任何时间变化。世事沧桑，爱因斯坦却极端神秘地把时间这个本来难以捉摸的怪物，放在一个三维运动中的引力空间里，时间和空间这两个原本人类认为风马牛不相及的世界，突然结合在一起，三维运动的空间和一维变化的时间相加，形成四维的弯曲空间。时间和空间，变化和运动的物质到四维的弯曲空间里欢耍，结果出现了四维相对时间和四维相对空间，这一切太怪异奇趣了！然而，这是事实，是科学，是时间的根本面目。一维的绝对时间和四维的相对时间并存在这个世界上，共同证明牛顿和爱因斯坦都是伟大的，这让人对时间发挥了充分的想象力。时间有可能循环、中止、暂缓和延续，甚至时间有可能保留、恢复、逆转甚至复制。近年来，人类竟然提出时间穿越的问题。请看这么一首打油诗：

年轻的小姐叫怀特

她行走比光快得多
她以相对性的方式
在当天才刚刚出发
却早已于前晚到达

这种奇特的科学幻想让人们把时间带进了迷幻的天堂，光速不是最快的吗，怎么一下子产生了比光还要超前的物理现象，难道时间真的会像这位小姐一样心想事成吗？

霍金先生也发挥了自己的想象力，他不但设想出连接两个黑洞的虫洞，让时间比光更快的速度在虫洞里穿梭，让它们为空间相距遥远的点之间提供便捷。他在《时间简史》中说出这样的故事："爱因斯坦过去认为广义相对论不允许时间旅行，而他的方程式却允许了这种可能性。"时间到底可不可以穿越时空，到底可不可以逆时旅行呢？这一切，真应该让万能的上帝和聪明的神仙去做判断，因为人们至今仍在争论时间到底有没有这样的初级问题。

当我们把原本一致认为只是一个的物质世界，按本质的区别科学地划分成物质、半物质、非物质三个物质世界的时候，我们就会从本质上去认识，时间并不是被人们按公式定律所推演出的一个独特的怪物。它既不是物质发展的高级阶段，也不是物质存在的基本形式，而只是物质的一种本能的表现形式。无论绝对时间和相对时间，其本质就是表现了物质的各种变化，物质有什么样的变化，相应地就有什么样的时间。只要这么认识时间，时间就会从被人们炒作的虚幻中走出来，表现出它的真面目。

1. 时间是不是循环的？

我们知道，物质有各种循环的特性，岩石的大循环，生物的小循环等等，那么时间呢？答案自然是肯定的，物质有循环变化，

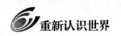

时间就会循环产生，一年又一年，一天又一天，实际即表示地球的运行变化，也表示时间的循环特性。

2. 时间会不会中止、暂缓和延续？

星球会消亡，生物会死亡，物质会转化，这一切的变化中止现象同时也表示出各种物质个体时间的终结。

人体冷冻运动的创始人罗伯特·埃塞格把自己已逝的亲人冷冻起来，2011年他的去世也采取了"人肉冰棒"的形式，他们显然是采取保存延续生命时间的方法。如果有朝一日，科技发展到了能使他们复活的那一天，便是时间又重新延续的一天。冷冻其身显然是借鉴了生物冬眠的办法，冷血动物的冬眠就有典型的中止、暂缓和延续时间的作用。

3. 时间可不可以保留？

文物、古迹的保护，古城旧居的保护，实际就是延缓变化，留住历史、保留时间的方法。当我们进入平遥古城，仿佛又回到过去的年代。当我们走进兵马俑，就走回到两千多年前的秦王朝。走进故宫，又回到清王朝。

4. 时间的恢复和逆转

我们现在的仿古建筑、复原古城旧居、恢复历史旧物旧貌的做法，实际是时间的恢复。我们虽身在新世纪，却又不忘历史和过去。

钢铁的回炉重生，废塑料的再生利用，古生物的克隆复制，其实就是人们让时间逆转，旧物重生。

5. 时间可以穿越吗？

人们正在积极寻找虫洞的踪迹。到那时，时间穿越的问题或许可以迎刃而解。否则，你只能去看科幻小说，或发挥自己的智慧去想象了。

总之，事实胜过雄辩，有什么样的变化，便会有什么样的时间，除此而外，时间别无他途可认识。

十五、结论

时间产生缘由，物质（包括半物质）的变化产生了时间。

时间的定义：一切（物质和半物质的）变化和变化过程的标志。

时间的标准：模糊时间+历法时间+钟表时间+物理时间+普郎克时间＝标准时间（即一维的绝对时间）

物质变化+弯曲空间＝四维的相对时间

时间的性质：无形体，无质量，无能，无力，无运动，也不变化的非物质。

时间的主要类型：

绝对时间：在地球的常规引力、常质量、常能量的正常环境中物质的一维变化情况下的标准时间。

相对时间：物质在弯曲空间里的变化形成所标志的四维时间。

时间的表现形态：

有什么样的变化便有什么样的时间。

总时间是从宇宙大爆炸开始，如果宇宙结束，物质不再存在，时间即告终结。

重新认识空间

——物质的运动产生了空间

谁能相信

我们至今对空间知之甚少

空间成了人类第二大迷

人们为之困惑

空间是什么?

空间是从什么时候开始产生的?

物质的形体是空间吗?

空间在物质运动和变化中有怎么样的表现?

空间，是人人都知道的东西。

空间，是至今人人还不知道的东西。

伟大的科学家牛顿、爱因斯坦都曾为研究空间作出了划时代的贡献。

至今，空间仍是继时间之后横在全人类面前的第二大迷，难以认知。

本章应用简单明了的科普语言，生动有趣的最新科技知识和深邃独到的思想见解，引导让大家共同认识空间，认识这个看得见，摸得着，却说不清、道不明的怪物！

导　读

一、令人遗憾，我找不到一本关于认识空间的书

二、宇宙之前和之外，有一个虚无空间

三、粒子的运动创造了物质的形体空间，物质的运动创造了宇宙空间，半物质的运动创造了影响空间

四、人类用智慧对运动形态设置了长、宽、高三纬空间，并以米、厘米等基本计量单位去计量空间

五、针对物质运动的各种不同行为，人类逐渐对空间进行了科学的分类

六、空间的规范和标准化，使空间建制既科学，又实用

七、当人们认为三维空间理论走向完美时，两个相对论却把空间和时间搅和在一起，提出了四维相对空间论

八、狭义相对论让光的线空间和以光速前进的物质变化时间交织在一起，由一维的线运动变成二维的时空变化

九、广义相对论指出，是能量、质量和引力使时空发生弯曲，形成四维弯曲空间，在弯曲空间里物质的运动，形成四维的相对空间

十、相对论中描述的观察者，实际可分为拿尺子和拿钟表两大类，他们工作都是在观察物质的运动和变化

十一、相对论提出光速和引力造成了弯曲空间，实际上许多半物质的影响空间（流、波、场）也是弯曲空间

十二、有什么样的运动，便会产生什么样的空间

十三、结论

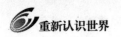

重新认识空间

一、令人遗憾，我找不到一本关于认识空间的书

上面说了时间，自然使人联想到另一个与人类息息相关的东西——空间。时间和空间就像一对双胞胎兄弟，相像而又联系紧密。

但从个人书库找到各新华书店，我却找不到一本关于空间的书籍，就在各国的科技百科中，多者还提几句，大多只字不提。这使我十分遗憾。

打开吉林人民出版社 1983 年出版的《哲学辞典》，对空间的说明如下：

空间是运动着的物质存在的基本形式。

空间是指物体存在的广延性，即长度、宽度和高度。这种具有三度性的现实空间叫三度空间或三纬空间。

其他一些哲人是这么说的：

一切（物质）存在的基本形式是空间和时间。

一切运动着的物质都存在于空间和时间之中，离开空间和时间的物质是没有的。

物质时间是无限的，作为物质运动的存在形式的时间和空间，也是无限的。

整个世界在空间上是无边无际的，在时间上是无始无终的。

对每一个具体事物而言，空间和时间又是有限的。

宇宙的空间、时间的无限性，是由无数的有限的空间和时间所构成的，无限存在于有限之中，因此，空间和时间是有限和无限的统一。

显然，上述种种对空间的认识，是指出了空间的某一方面或者一部分，难以对空间作出全面的解释。但是却都指出了重要的一点，即空间和运动着的物质之间有不可分割的唇齿关系。

在"重新认识物质"一章中，我对空间提出了如下新的认识：

物质有了运动，运动创造了空间。

空间是物质运动的标志。

时间和空间都针对的是物质，而自身却是非物质的东西。

大量的书籍都介绍说，创世大爆炸开始有了物质，也是那一刻有了运动和变化。所以，相应在那一刻，开始产生了空间和时间。

那么，空间是不是如此定义、定性和存在的呢？我们不妨一步步对它作一解析。

二、宇宙之前和之外，有一个虚无空间

陕西人民出版社《中国少儿百科全书》的"充满无限奥妙的宇宙"中是这么写的：

宇宙在空间上是无限大的，它无穷无尽，无边无际；在时间上是无始无终的。宇宙中充满了无限奥妙。

而霍金最近写的科普读物《我们从哪里来》中这么写道：

我和罗杰·彭罗斯一道认为，如果爱因斯坦的广义相对论是正确的，那么，就应该存在于一个奇点，一个无限密度和时空弯曲点，那是时间（空间）的开始。

宇宙始于大爆炸，并越来越快地扩张，这称作膨胀。宇宙初

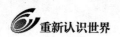

期的膨胀快得多，若千分之一秒就扩张许多倍。

霍金描述了137亿年前，宇宙只是一个小的不可再小的奇点，正是这个奇点的爆炸，宇宙像吹气球一样，开始了无限的膨胀和扩张。宇宙的空间在每时每刻地膨胀，至今亦然。但不论它怎么扩张，从奇点到宇宙，至今仍然是有限的。是非常大而不是无限大；是有穷有尽，而不是无穷无尽；是有边有际，而不是无边无际；是有始有终，而不是无始无终。显然，《中国少儿百科全书》沿用的仍然是大爆炸说之前的理论。

那么，在宇宙还是奇点的时候，应该有一个平直状态中的虚无空间，由奇点到宇宙，是个膨胀运动过程。宇宙是个膨胀着的大气球。在宇宙这个气球之内，自然是星球、星云、星尘等物质在运动，以膨胀的形式，在远离我们。那么在这个宇宙气球之外是什么呢？应该说是一个无所不容、无所不包的空间。任凭宇宙怎么膨胀扩张，它都能听之任之予以包涵容纳。我们完全可以把这个宇宙之外的宏大空间称为虚无空间。

虚无空间者，具无限包容，无数含纳性也。无者，这个空间无物质存在，既不运动，也不变化，均在平直状态。虚者，即一个虚空间，有名无实。设想其存在，即可以存在，如果不提，也无大碍。

如果拿前面形容宇宙的词汇，来形容这个虚无空间，就是：

宇宙之外，有一个虚无空间，它在空间上是无限大的，它无穷无尽，无边无际，在时间上是无始无终的，同时又是无极无端的，它的无限包容性，无限含纳性，任凭宇宙任意的膨胀扩大，形成了无限与有限的统一，无始无终与有开头也有结尾的统一。

三、粒子的运动创造了物质的形体空间，物质的运动创造了宇宙空间，半物质的运动创造了影响空间创世大爆炸本身就是一次剧烈的运动和变化，而这种运动和变化特性立即被新产生的物质和半物质所传承。运动和变化成了物质的一种本能和常态。

然而大爆炸所产生的物质永不停息、永无休止地运动，使宇宙不断膨胀，对于这种逐渐变大的宇宙，应该用什么去标志它呢？这便是空间。

严格地说，宇宙不断膨胀而扩大的空间，应该说是占据了原本的虚无空间。道理很简单，如果我吹胀一个气球，这个气球就占据了我们所处的宇宙中的空间。所以，从实际意义上说，物质运动所产生的空间只是占据空间，但这种表述容易引起费解，既然虚无空间处在平直无为状态，用爱因斯坦的话说，它是没有意义的。我们不妨暂忽略掉它，直接把物质的运动所形成的空间，定为有实际意义的空间，简言为空间。

上面说了，大爆炸后，形成的物质和半物质产生的星云、星尘、星球、星系和光场、磁场、引力场、辐射场等在不断运动中，在不断膨胀中产生了宇宙这个宏大空间，这个有实际意义的总空间。目前，我们所知的所有的事物都被容纳在这个宇宙总空间里。

我们再看一看，最小的物质夸克和基本物质原子，其实也和宇宙一样，它们的形体也是一个空间的概念。夸克由三个基团的运动而形成。各种粒子又由夸克的运动而形成，原子更是电子围绕原子核旋转而形成形体（这正如月亮围着地球，九大卫星围着太阳旋转，实际是放大了的原子模型）。在夸克和原子形体中，它也像宇宙一样是空多实少的。所以说，宇宙形体只是物质形体的放大。宇宙空间是由星云、星球、星系的运动而形成。物质是由夸克、各种粒子、原子的运动所构成。一旦物质塌缩，偌大的一颗地球，也会变成一颗黄豆大小，甚至在黑洞中，会变得一无所有，只有质量、密度、能量和引力。

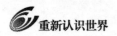
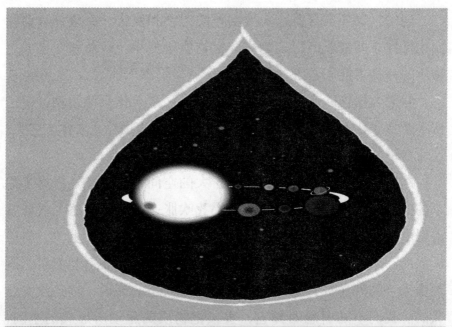

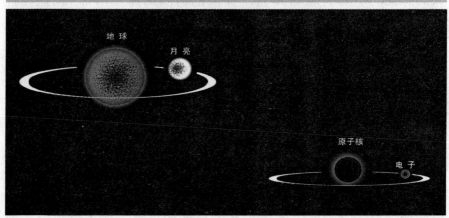

粒子运动放大图

从放大的物质粒子运动图来看，粒子运动宛如宇宙中的星球运动。

一个电子绕原子核运动的氢原子看上去宛如月亮绕地球旋转。

放大的一滴水的粒子运动图宛如一个宇宙或银河系中的恒星和行星、卫星的运动图。

星球的运动产生了宇宙空间。

光、磁、辐射等半物质的运动产生了影响空间。

粒子的运动产生了各种物质的形体空间。

所以说，物质的形体，其实也是一个由运动形成的空间，我取名叫形体空间。形体空间是质量、能和力三者的运动而形成的。

半物质也是可以运动和变化的，所以它自然而然，由运动而产生空间，不过这个空间有别于物质那么实际，应该称作影响空间，如光波空间、辐射空间、磁场空间、引力空间等，用物理学的概念应该叫流、波、场空间。流即电流、光束等是一维线空间；波是电波、电磁波、光波，是二维的面空间；场如电磁场、引力场等，属于三维的体空间。虽然它不直观，但在一定范围内，它却是实际存在的。所以，称之为影响空间比较恰当。

所以说：

大爆炸的物质，星球运动创造了宇宙这个总空间。

小夸克的运动，电子的旋转运动创造了各种物质的形体空间。

光、电、磁、热、声，辐射的波、流、场形成了影响空间。

细胞的分裂复制运动形成了生物的各种形体空间。

人体中水分子的运动占据了 50% 以上的空间，没有水的循环运动，人的形体空间更减小一半。同样，如果去掉碳、氢、氧、氮等，几乎将一无所有。

上面从极大到极小的空间举例中，我们可以看到，空间一旦失去物质和半物质的运动，就会回归到平直的虚无空间中。显然，这失去任何空间的意义。

所以说，空间只围绕了一个重大的主题——运动。当然，宇宙中只有物质和半物质可以运动。是运动产生了空间，不同的物质运动创造了不同的空间。从实际意义说，没有运动，便没有空间。而物质和半物质只有运动，而没有空间，空间是人类针对物质运动所设定的一种标志。

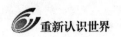

四、人类用智慧对运动形态设置了长、宽、高三维空间，并以米、厘米等基本计量单位去计量空间

针对物质的运动方式，人们认为它只可能向三个方向，那就是长、宽、高。长宽高形成了三度空间，而物质的运动形态，只能是点的线运动，线的面运动，面的体运动。点、线、面的三种运动形态形成了三维空间。长宽高三个方向、点线面三种运动，形成了三维空间的总概念。

1. 按运动形式去衡量空间

物质只有运动，而空间是表示物质的运动范围，形体大小的实体空间。它具体地反映了物质形体长短、宽窄、大小。那么，该如何去标示这个空间范围呢？

这还是应该用运动的方式去把握。任何物体的运动无非是点、线、面的运动。

奇点、粒子和原子等的运动称为点运动。

点的运动形成了线（距离、长度）；

线的运动形成了面（平面、面积＝长度×宽度）；

面的运动形成了体（立体、体积＝长度×宽度×高度）即空间（形体空间、实际空间、影响空间、宇宙空间等）。

2. 由于运动的方式不同，空间的形式也不一样。

在没有物质运动的情况下，只是一个虚无空间，它只显示了包容涵纳性。

理论上最小的点即上帝粒子（希格斯玻色子），它是小到无可再分的极限点，应该说，从这个点运动开始，形成了今天的宇宙总空间。

三个基团的运动形成了夸克形体空间，它是目前所知的最小空间。

夸克的运动形成了质子和中子，质子和中子的运动又形成了原子核。这依然是非常小的形体空间。

电子绕原子核旋转，形成原子。这是物质的基本形体空间，原子的运动形成了分子、细胞等各种物质，物质的运动形成星球，这是比较大的实体空间。

星球的运动形成宇宙，这是一个更大的空间，可以说是总空间。

而半物质光、电、磁、辐射等超出物体，超出地球，超出宇宙的形体空间，形成了更大范围的影响空间。

所以说，宇宙是有限的，星球的运动范围形成了宇宙的有限性。但却是无界的，半物质的影响空间是超越宇宙实体空间，其影响范围是难以估量的。

3. 地球到底有多大的空间

人类居住的地球，很可能是太阳系中唯一有生命的天体，从太空中看地球，它是一个蔚蓝色的球体，上面有错综复杂的高山峻岭，有奔腾咆哮的江河海洋，还有生机勃勃的生物世界，真是一个万物生灵的世界。

地球距太阳 14960 万公里。

地球的面积 51100 万平方公里，体积约 10832 亿立方米，赤道半径为 6378 公里。

地球之外，有一个水圈，又有一个大气圈，还有一个生物活动的生物圈。

地球更大范围的是其体内分藕散发的半物质，如磁力圈、光辐射圈、电磁波圈、辐射圈等。另外还有引力圈，这些影响空间都比地球实体大许多倍。

所以说，就一个地球，既有物质构成的实体空间，还有半物质运动构成的影响空间，它究竟占用了宇宙上多大空间，可以说，

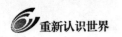

至今还说不清楚。可以说地球是无边界的。

五、针对物质运动的各种不同行为，人类逐渐对空间进行了科学的分类

物质和半物质的各种运动行为，也是千差万别的，人类经过长期的研究，根据各种运行特点，对运动形成的空间进行了如下分类：

模糊空间

实际空间

形体空间

影响空间

总空间

虚拟空间

标准计量空间

牛顿三维标准空间

四维弯曲空间（亦可叫场空间）

爱因斯坦四维相对空间

1. 模糊空间

是人类最初对空间的认识，并约定俗成地对空间进行了不定量的描述。如大小、远近、东南西北、宏大微小、高低、胖瘦等。

2. 实际空间

即物质运动实际涉及的空间，如宇宙空间、原子空间、地球水圈、空气圈、岩石圈、生物圈等。

3. 形体空间

由物质形体所形成的体积，它是具体而实在的。人们往往误认为这是一个实心实表的实物。然而它仍然是由原子空间组成虚实结合、虚大于实的空间形态。岩石、各种固体，水、油等各种液体，氧、氢等各种气体，各种生物身体都形成了形体和形体空间，放大了分子原子结构，实际一滴水就宛如一个宇宙，无数的夸克、电子在物质形体空间内运动，正如星球在宇宙运动一样。

4. 影响空间

半物质、光、电、热、声、不可见光、辐射、电磁波等形成的场、波、流所影响到的空间。它不像实际空间那么有明显的运动，也不像形体空间有那么实在可见的形体。而是以看不见的散发形式存在于空间之中。如地球的磁场、光波、电流、辐射场、引力范围等。它影响的面大量广，比地球大得多，远得多。

5. 总空间

从运动形成空间的原理说，宇宙是物质（星尘、星云、星球）以及半物质（辐射场、磁场、引力场等）的运动形成的，它应该是所有运动实际空间的总和，其他各种空间都应该被它容纳其中。所以，我们称宇宙为总空间。这个空间，与虚无空间一样，具有无限与无数的包容性和涵纳性。

6. 虚拟空间

根据空间的特点，人们往往会虚拟想象中的空间，如前面所说的虚无空间，它是根据吹胀的气球推论出来的，现在还难以证实。再如我们虚拟的天堂、地狱、极乐世界、世外桃源、乌托邦、伊甸园等。

7. 标准计量空间

即人类制定了长、宽、高、线、面、体的准确统一的长度、面积、体积计量单位之后，对各种空间和形体进行准确的计量表达，这些空间即为标准空间。

8. 牛顿三维标准空间

牛顿认为，空间是三维的，但也是标准的。也就是说，当你拿着尺子去量长度、面积、体积，无论任何情况，它所得到的结

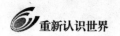

论是一致的。所以，上述对空间的研究，都是以牛顿的三维标准空间论为基础的。实践证明，时至今日，标准空间论所制定的空间计量方法，以及计算方法和标准，仍然是我们对空间的基本基础认识。

9. 弯曲空间

在空间里被能量引力等充斥，形成的四维可变化空间。

10. 爱因斯坦四维相对空间

阿尔伯特·爱因斯坦相继发表了狭义相对论和广义相对论，提出四维相对时空论，提出时间和空间密不可分，即空间随速度和引力等的大小的改变而相应改变。这显然是对牛顿三维标准空间论的挑战。至于什么是四维相对空间，后面将予以论述。

我简单进行了这十种空间情况的分类，这便于我们根据运动特点而去对待空间这个总体概念。物质在运动，半物质也在运动，要准确说明各种运动，不是件容易的事。但空间理论的出现，这一切都在统一标准之中，简单明了和数字化了。

六、空间的规范和标准化，使空间建制既科学，又实用

人们针对空间的三维特性，采取了长度、面积、体积的三度计算方法。对于三维空间的计量采用了各种方法，各国和各地都有不同的计量单位，如中制单位、英制单位等，后来用公制单位进行了统一规范和换算标准化。

基本单位是：

天文单位：可度量行星之间的距离，地球到太阳的距离为一个天文单位，实际为 1.5 亿千米。

光年：量度恒星之间的距离，也可以量度地球到恒星之间的距离。即以光速向前一年所到达的距离，如太阳的光线到达地球需要 4.3 光年。光速（光秒）是每秒 30 万公里，一光年等于

94600 亿公里。

长度单位：公尺、公寸、公分、公厘、公丝、忽米、公微、毫微米、公里等。

面积单位：（上述单位加平方）亩、公顷、平方公尺、平方公里等。

体积单位：（长度单位前加立方）立方公尺、立方公里、立方公厘等。

对不同的空间，人们也用空间计量单位和各种数学计算公式去计算，如圆面积、三角形、锥体等等。对特别复杂的形体空间，也采用一些特殊的方法去换算。

人们为了准确计量空间，发明设置了各式各样的计量方法，显然是越来越精密精确。如对宇宙这个大的形体，膨胀远离的速度，人们都想出了办法去计量，对于极微小的东西，人们用放大镜放大后，再用更小的计量单位去表达。

计量单位的规范化和标准化，使空间的计量更科学、更实用，完全建立了准确的空间计量体系。

当然，空间计量单位是人类对空间的一种设定，它反映的是物质的运动和运动范围，而本身是科学技术，属非物质范畴。

七、当人们认为三维空间理论走向完美时，两个相对论却把空间和时间搅和在一起，提出了四维相对空间论

亚里士多德与牛顿在空间的观念上有根本性的分歧，亚里士多德相信绝对的静止状态。如果一个物体没有受到力或者冲量的作用就会处于这种状态。由此而发，他认为地球是静止的。但是牛顿却认为，不存在唯一的静止标准。地球是运动的，而地球上的所有物体的运动和地球的运动形成相对运动。

牛顿科学地指出，运动是绝对的，而描写运动是相对的。

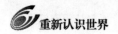

相对于地面、青山、树木，都随着地球绕太阳在作自转或公转运动，太阳系本身在银河系之中运动，银河系又在宇宙中运动。至于微观世界的分子、原子、电子等，也都在作永不停息的运动。运动是绝对的。大自然中没有绝对不运动的物体，由于物体广泛的运动性，空间也随着物体的运动而产生了。

任何物体不停止的运动，总是朝长宽高三个方向，呈点线面三维的运动，所以它们产生的空间叫三维空间，即：

点的线运动，形成一维的线空间；

线的面运动，形成二维的面空间；

面的体运动，形成三维的体空间。

所以说，只要有运动，就有空间的存在。相对应的不运动，空间即消失。

那么，怎么来描述物体的运动呢？描写物体运动，必须先假定一静止不动的物体，这物体叫参照物。物体的动与静，运动的快与慢都是相对于参照物而言的。譬如，选地面为参照物，对沿一直线运动的物体，我们说人向前走得慢，汽车走得快。但如果以地球转动为参照物，人和汽车不但不向前走，反而后退了。选择不同的参照物，对同一运动的物体，会得出不同的结论，这叫描写运动的相对性。

同样在原点跳动的乒乓球，火车上的观察者认为是一维的线空间，但火车下的观察者，认为火车也在前进，所以由乒乓球上下弹跳的一维线空间进而由火车的前进再次形成二维的面空间。这就是对运动描写的相对性而提到的空间相对性。

虽然亚里士多德和牛顿处在相距一千多年的两个不同的年代，但他们对运动的认识差别却意义深远。因为它意味着，我们不能确定发生在不同时间的两个事件是否发生在空间的相同位置上。

牛顿在时间上提出了绝对时间的观念。即用一个准确的钟表准确标志事物的任何变化过程，但对空间上，他对不存在绝对位置，或者说所谓的绝对空间的观念十分沮丧。这是由于与他的绝对上帝的观念不相协调。但是他还是在他的定律中摒弃了绝对空间。

这就是只有绝对时间，而没有绝对空间。空间被相对运动而推演成三维的标准空间。

亚里士多德和牛顿尽管在运动上有绝对和相对之差别，但是他们认为空间是长、宽、高三个方向，点、线、面三种运动，因此他们都共同得出了三维空间的结论。

三维空间论认为，运动的三个方向、三种形态是规正的，即点的线运动是率直的，线的面运动是平坦的，而面的体运动是规正的。也就是说，只要你拿着一把尺子去丈量，无论是绝对运动和相对运动都能得到一个准确的长度、面积和体积的标准答案。

我把以牛顿为代表的这种标准运动空间起了个名称叫牛顿三维标准空间。这个三维标准空间，可以说完美、统一、准确和规范地解决了对空间的标志。

这时期，人们认为空间学说走向了科学的顶峰。但是，到20世纪初，科学家意识到，我们必须再一次改变对空间的观念。因为他们发现，空间和时间不能完全分离，或者说时间不是和空间无关，它们不是两个独立的概念。而相反，物质的运动和变化大多数情况下是同时发生的，那么标志它们的空间和时间往往是交织在一起。爱因斯坦的两个相对论，石破天惊地提出了四维时空的观念，牛顿的三维标准空间和一维绝对时间一夜之间变成了四维弯曲空间、四维的相对空间和四维的相对时间。

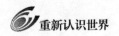

八、狭义相对论让光的线空间和以光速前进的物质变化时间交织在一起，由一维的线运动变成二维的时空变化

爱因斯坦的狭义相对论是基于如下思想的理论，即科学定律在没有引力现象时，对所有进行自由运动的观察者，无论他们的运动速度如何，都必须相同。

从这样思想出发，爱因斯坦提出任何物理的运动都不能超过光速，光的速度（近似 30 万公里/秒）是宇宙中最快的速度，也是最恒定的速度。并提出了光速相关的著名质能关系式：

$$E = mc^2$$

c＝光速　　E＝能量　　m＝质量

该关系说明物质在超高速（接近光速或光速中），物质的质量和能量都向上急剧变化。

我们知道，光是直线运动，这是一个线空间的概念，而能量和质量在速度中又是一个变化的概念。质能关系式即告诉我们，物质在光的线运动中，质量和能量是随线运动的速度改变的。这就清楚地告诉我们，这一维的线运动空间和一维的质能变化时间将同时发生，形成二维的时空。在这二维的时空中，物质的形体空间和质量变化时间是相对于速度而产生的。

霍金在他的《时间简史》中为我们描述了光速中的物质质量变化情况：

只有当物体以接近光速运动时，这个效应才真正有意义。例如：一个物质具有 10%的光速时，其质量只比正常大 0.5%，而具有 90%光速时，其质量比正常量的二倍还要大，当一个物质接近光速运动时，其质量就上升得越快。

显然，光速中的物质质量变化很大，说明标志其变化的时间也在急剧变化之中。

物质质量发生变化，相关的物质形体也势必随之发生变化。爱因斯坦指出，物体长度的度量是相对的，即运动着的物体在其运动方向上的长度要缩短。当然，在常规运动中，我们发现不了这种微乎其微的长度变化，只是在接近光速中，这种变化才能显现。我们可以推测，当物质具有 10% 的光速时，其质量上升了 0.5%，那么它的顺运动方向的长度也可能缩短 0.5%，而具有 90% 光速时，其质量也比正常量的二倍还要大。我们可以想象，相对于这个光速的物质长度必将缩小到 50% 以下。如果说是一个一公寸见方的容器，盛着 1 公斤水，在光速火箭上去飞行。当它达到 90% 的光速时，它的质量将在二公斤以上，而水体容积长度却减缩在 5 公分以下。

物质的变化时间和形体空间这时双双都是二维的概念。因为缺一都标志不准确即时的运动和变化情况。

狭义相对论划时代地指出，速度、质量、能量、运动、变化、时间、空间这些因素是如何在物质的光速前进中去相互关联表现的。这其中，光是最快的，能量、质量也是随运动而变化，结果，标志它们的时间和空间，也就相关联地在一起，随变而变，最根本的是使一维的线运动空间和一维的时间共同形成二维时空，在这二维时空中运动的物质则出现相应的二维的相对空间和二维的相对时间。

九、广义相对论指出，是能量和质量使时空发生弯曲，形成四维弯曲空间，在弯曲空间里物质的运动，形成四维的相对空间

广义相对论是爱因斯坦的一个更具革命性的思想，即科学定律对所有观察者，不管他们如何运动，都必须是相同的。他把引力解释为四维时间的曲率。认为引力和其他的力不同，它不是力，

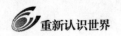

只不过是时空并非平坦这一事实的结果。而早先人们认为时空是平坦的。即时间即一维的绝对时间，而空间是三维的标准空间，它们彼此独立而互不干扰。广义相对论却彻底结束了时空分离的局面，认为在太空中由于质量和能量的分布的不均匀使时空弯曲和翘曲，从而形成一个四维弯曲空间。整个宇宙由于各星球的能量和质量的非常悬殊存在，使太空变得极不均匀。也就是说，整个太空是一个弯曲空间，在这个弯曲空间里，由于引力充斥其中，而引力曲率大小悬殊变化使弯曲空间变得十分复杂。这使运动其中的物质失去牛顿对空间和时间的正常描述。而呈现出一维的率直线运动变成二维的弯曲线运动，而二维的平坦面运动变成三维的弯曲的面运动，三维的规正的体运动而变成四维翘曲变形的体运动。物质的运动形态在弯曲空间中几乎面目全非。

光线是在做点的线运动，而这个线运动，在正常情况一条直线地往前走。但是在太空四维的弯曲空间里，当它穿过太阳附近的引力场，它就发生了偏折，形成一条弯曲的光线。

地球这样的物体在这太空的弯曲空间里，之所以沿着弯曲轨道运动，是由于它遵循着一条最接近直线的路径运动。

前章"重新认识时间"中关于水星轨道的偏差，也说明弯曲空间里星球的附近常常是运动和变化最明显区域。而这个变化随星球自身的质量和能量决定着曲率的大小。如我们在月球上跳高，一下子能蹦五六米，在地球上的引力场中，跳三米就是世界冠军，而到太阳的引力场中，如果跳高一米就算奇迹了。

极端的例子是当你走进黑洞的视界内，任何物质都必然被撕裂扭曲变形，然后呈螺旋漏斗状呼啸而入，一个庞大的恒星，也会被顷刻化为乌有，像一滴水无声融入大海一样，化作无影无踪。黑洞的强大引力弯曲空间形成了空中霸王，它甚至连光线都不放过。所有事物一旦进入它的势力范围，顿时化为乌有，都统统回归到那个时空弯曲的奇点。所有的运动和变化都消失殆尽。自然空间和时间就无从说起了，只能认为是空间和时间的终结。

在太空这个引力大小急剧变化的弯曲空间里，物质的光速、质量、能量、形体都相对处在运动和变化之中，这些运动和变化，决定着空间的大小和时间的长短。同时，在弯曲空间里物质运动和变化的空间和时间再不是牛顿所代表的三维标准空间和一维的绝对时间，而是在弯曲空间里浴火重生，形成了四维的相对空间和四维的相对时间。

十、相对论中描述的观察者，实际可分为拿尺子和拿钟表二大类，他们工作即在观察物质的运动和变化

两个相对论是一个十分深奥的理论，经过了近百年的普及，仍然只有专家们才能熟知。霍金把《时间简史》称为科普书籍，但是要看懂它却仍然是件困难的事，特别是关于空间和时间的论述。似乎让人有说得清楚、听起来糊涂的感觉。这是由于他在文述中，应用了观察者，这与物理定律的推导极不协调。那么，文中的这些观察者到底在观察什么呢？

为了说明相对运动，在火车上和地面上有两个观察者，火车上的观察者在看乒乓球在原点上的上下跳动，而地面上的观察者既观察乒乓球在上下弹跳，又随火车移动。尽管两个观察者由于所处环境不同，而观察得到的结论不同，但实质，他们都在干同一件事，即观察运动，一个观察着乒乓球的运动，而另一个既观察乒乓球的运动，又观察火车的运动。

为了说明时间变化，人们在水塔上面和底下各安排了两个观察者，他们都拿着一只非常准确的钟表，结果是，水塔下面的观察者所持钟表走得较慢，而水塔上面的观察者钟表走得快。结果说明，靠近地球的弯曲空间的曲率大，而远离地球的上空，弯曲

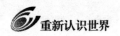

空间的曲率小。

我从霍金的书中找出许多观察者的例子。他基本分两种情况，一种是用尺子的观察者，他们在观察物质的运动。而另一组则是拿着钟表去观察物质的变化。而他们得出的结论一个是空间，而另一组是时间。所以，尽管两个相对论没有说运动和空间的关系，变化和时间的关系，但字里行间却以空间直接代表了运动，而以时间直接代表了变化，从而使表述上让人难以理解。

其实，任何物质只有运动行为，而且是绝对的永不停顿的运动。但物质本身没有空间，空间只是物质的运动的结果，而这个结果，用空间的表达形式去标志。如宇宙是物质的膨胀运动形成的，怎样去表达这个宇宙的膨胀运动，人类设想出了空间的计算标准和方法。物质的形体是粒子、原子的运动形成的，不管你用不用空间标准去表示，它都是实实在在存在的。如何去表述它的大小？人类用三维的或者四维的空间科学标准去标志它。

同样道理，任何物质只有变化行为，而且是千变万化，永远绝对的变化。但物质本身没有时间。如同一个人，说自己能活一百年，但事实上，你到底能活多少岁，起决定作用的不是你说，是你自身的变化所决定的。你的感知能力变化多少年，你就是活多少岁。年岁只是一个人实际感知能力（灵魂）的活动时间。同样道理，你要长多高，也不是你说了算，而是基因操纵你的细胞分裂运动所决定的。

十一、相对论提出光速和引力造成了弯曲空间，实际上许多半物质的影响空间（场）也是弯曲空间

两个相对论提出，光速、质量、能量、引力形成弯曲空间，在弯曲空间里运动和变化的物质，形成了四维相对空间和四维相对时间。但事不到此为止，实际上许多半物质如磁、辐射、热形

成的场、波、流的影响空间，也都是与光速、引力一样形成了弯曲空间。这是因为，场的本质即某种充满变化的空间，物质在这个场空间运动，它会随时改变自己。如一块磁铁的磁场，能迅速把放在它附近的一堆铁粉化散开来，整齐地按磁力线把它们排列成方阵，使这堆铁粉的形体空间发生明显而又有趣的改变。

再如热能，它能极其明显地改变物体形体，使之热胀冷缩，明显地改变物质的形体空间，我们说一公升水是一公升重，这只是水在 0℃的标准体积，随温度变化，这个重量和体积也相应地变化，当在 100℃以上时，它甚至会变成水气而蒸发。在 0℃以下的它就结成固体。物质的形体空间在热场中时时刻刻地发生变化。这个变化，就是该物质在四维的热弯曲空间里经过运动和变化，三维的标准体积空间加一维的温度变化时间后，所出现的四维相对水形体空间，和相应所需的四维相对时间。

所以说，弯曲时空只是物质运动和变化所处的四维环境，而在这四维环境里，其起决定作用的不仅是光速、引力、质量、能量，还有半物质的热、磁、辐射等。

物质所处的环境变化了，物质的运动和变化形态也就相应地改变。这如同一把种子，撒在月亮上，会形成一缕尘土；撒在地球上，会长出一片森林；撒在太阳上，会变成一线光和热；撒在中子星上，会变成许多粒子；而撒向黑洞，它会化为一无所有，化归那不再变化和运动的时空弯曲的奇点。

我们的宇宙从创世大爆炸开始，也许会在大塌缩中回归时空变曲奇点而终结。但无论宇宙的结局如何，那是离我们还很遥远的事。只要我们牢记如下关系，我们就掌握了空间和时间的真谛：

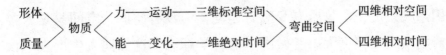

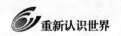

我再次提醒你，无论是牛顿的三维标准空间还是爱因斯坦四维相对空间，它都是物质运动的标志；无论是牛顿的一维绝对时间还是爱因斯坦的四维相对时间，它仍然是物质变化的时间。物质只有运动和变化，而空间和时间是人类为了说明这种运动和变化而设定的科学标准。它和物质相对应，属于非物质的范畴。

十二、有什么样的运动，便会产生什么样的空间

当我们打开《哲学词典》或者是新出版的《辞海》，它们给我们展现的依然是牛顿时代的三维标准空间的认识。而把更广阔的空间，留给了学者和科学家。让我们更为遗憾的是，对空间本质的认识至今仍众说纷纭，物理学家认为空间本身就是物质，哲学家则认为空间是物质发展的高级阶段和存在形式，而广大群众认为空间就是实实在在的宇宙和我们看得见摸得着的物质形体，这是再具体不过的存在。

然而21世纪的今天，爱因斯坦的相对论已经创立了一个世纪，对空间的认识上，我们却仍然停留在过去。当我们遥望太空，它依然那么透明，清澈和静穆，然而，这却是一个被速度、引力、质量、能量的变化充斥其中的一个弯曲空间的太空，再不是一个牛顿所认识的三维空间的太空。而是运动和变化交织、时间和空间共存的太空。当物质运动其中，其运动形态由一维的线运动变成二维相对线空间，由二维的面运动变成三维的相对面空间，由三维的体运动变成四维的相对体空间。

运动形态在极端变化的环境里呈现出了与牛顿时代绝然不同的空间表现形态。然而这一切，并不为我们大众所熟知。虽然人类早已感觉到运动和空间的某种联系，却很难发现它们处在一种因果关系之中。物质本身只有运动，而没有空间，空间只是人类对物质运动幅度大小所做的一种科学标志，这如同人生下来本没

有名字，名字是父母为了标志区分孩子而起的一种符号。

空间自身并不是物质的，也不存在什么物质发展高级阶段和存在形式，而是和物质相对应的非物质。它不具备物质自身有质量、有形体、有能、有力、能运动、会变化的任何本质特点，而是纯粹地和意识形态一样，是无质量、无形体、无能、无力，本身并不运动，也不变化的非物质，是人类对物质运动大小幅度的一种说明。

物质只有运动，才产生了空间，有什么样的运动就会有什么样的空间。无论是牛顿的三维标准空间和爱因斯坦四维的相对空间，这个本质亘古不变，天经地义。

物质在大爆炸中产生，从此开始了它的运动，空间从此开始相继发展成前文所分类的十类形式。

科学家仍然观测、分析、预测物质的未来、宇宙的未来。也可能宇宙在不断的膨胀由星球分离而冷寂，或者在大塌缩和大挤压中又回归时空弯曲的奇点，这两种可能的结局都会让运动终结。我们知道，没有了运动就没有了空间，或许，一切又回归到有无限容纳性的虚无空间里。这也许不可思议，一向凌驾于自然和社会之上的空间，竟然完全被物质的运动所支配，随着物质有无，每种物质的空间也一道开始和结束。

十三、结论

空间产生的原因：物质（包括半物质）的运动产生了空间。

空间的定义：一切（物质和半物质的）运动和运动范围的标志。

空间的标准：长×宽×高＝三维标准空间

长×宽×高×变化点＝四维相对空间

空间的度量：光年、公里、米、厘米、毫米直到平方、立

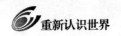

方等。

空间的主要类型：

牛顿三维标准空间：是在无引力条件下或地球的常规环境里所表现的点、线、面三种运动空间。

弯曲空间：在引力、热、磁等变化场中的点、线、面运动的四维空间。

爱因斯坦四维相对空间：在光速和弯曲空间里物质运动的四维运动空间。

空间的表现形态：

有多大的运动和运动范围便会形成多大的空间。

物质的形体空间是粒子、原子的运动形成的。

半物质的场、波、流实质是其运动的影响空间。

宇宙的膨胀运动形成了总空间，也是最大的实际空间。

各种物质的运动都形成了属于自己的空间。

重新认识进化

——物质进化是因，生物进化是果

达尔文的进化论人人皆知

物质的进化论却鲜为人知

人从猿猴进化而来是人人皆知

人从石头进化而来是鲜为人知

然而追根刨底，溯本求源

生物的进化源自非生物进化

整个进化是无机物变有机物

有机物变细胞生命物

这一切，都源自我们最伟大的母亲

物质的有为性

当我们重温达尔文的进化论

不由得悄然起敬

当我们再去发展达尔文的非生物进化论

原来是由于物质是有为的

运动、变化、进化、转化四大特性

构成了物质137亿年的进化历程

物质、宇宙、生物、人类

上帝粒子、夸克等粒子、原子、分子、有机物、细胞、基因

这一次次飞跃

从无到有、从少到多、从简到繁、从低级到高级

一个个惊天动地的奇迹

当我们看一看自身的完美

宇宙世界的和谐

就由衷地感叹

包围着我们的文明

却都是物质的造化

导 读

一、令人敬佩，达尔文的生物进化论划时代地推动了科学思想的发展

二、霍金近著《我们从哪儿来》全面揭示了物质进化论

三、宇宙的进化历程，是一部丰富的物质进化发展史

四、从物质进化的总历程可以看出，物质是如何神奇地完成无机物质到有机物质，再到生命物质的重大进化

五、进化论说明了物质神奇的进化本领，而这些本领是由物质的一系列的进化特性起作用，共同促成的

六、物质的转化特性，同样创造出又一个新的神奇，那就是科技物质出现并充斥现代人类的生活

七、运动、变化、进化、转化说明了物质的有为性，有为的物质是由运动、变化、进化、转化四种能力体现的

八、结论

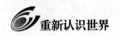

重新认识进化

一、令人敬佩，达尔文的生物进化论划时代地推动了科学思想的发展

1809 年，伟大的博物学家达尔文在英国出生。剑桥大学毕业后，年轻的他随船到世界各地考察，收集了大量的动植物标本和化石。回国后，长期埋头研究，整理归纳了各类生物资料，1859 年，他发表《物种起源》，结果万人空巷，争相购阅，成为当时的一种时尚。

达尔文的《物种起源》一改上帝造物，物种天成的生物观，通过标本化石对比，从实例出发，提出了物种选择为基础的进化学说，说明物种是变中求进的，对生物适应性作了全新的解说。

随后，达尔文又相继发表了《动物和植物在家养下的变异》、《人类起源和性的选择》等书。对人工选择作了系统地叙述，并提出了性选择及人类起源的理论，进一步充实了进化学说的内容。

达尔文在人类进化论中提出人是由猿猴进化而来的结论，极大地激怒了自尊性特强的众人，引起了不小的争论和神学的抵制。至高无上的人类祖先起源于丑陋野蛮的猿猴，人类大都难以接受和认可。

然而，进化论却以充分的论据逐渐让大多数人折服。他以大量的事实去证明：①生物是从非生物发展而来的；②论证了生物的进化，通过变异，遗传和自然选择等方面的作用，从低级到高级，由简单到复杂，由种类少到种类多。

达尔文把变化发展的观点带进了生物学，这被认为是 19 世纪自然科学中与能量守恒和转化定律、细胞学说并列的伟大发现。

进化论的科学观点推动了 19 世纪人类思想的解放，很快被演化成达尔文主义。达尔文主义的进化观点解放了人类对生物天成的固有观点，促进了生物科学的全面发展。但由于人类过度解读"生存竞争"和"优胜劣汰"，把生物的生存竞争推演到人类

达尔文

"作为一个科学家来说，我的成功不管有多大，我认为是决定于我的复杂的和种种不同的精神能力和精神状态，关于这些智力，最主要的是：爱科学——在长期思索任何问题上的无限耐心——在观察和搜集事实上的勤勉——相当的发明能力和常识，凭着这点平庸的能力，我竟会在某些重要之点上相当地影响了科学家们的信仰。"

的"优胜劣汰"。各类斗争学说也相继衍生，把和谐的人际关系变成了以强凌弱的自然法则。这自然超越了达尔文进化论的本意。

达尔文的进化论是伟大的，他揭开了现代生物学的序幕，成为了一位划时代的科学家和思想家，令世人无限尊敬和佩服。

然而随着时间的推移，人们对生物的进化的熟知，开始把关注点逐渐转移到非生物的进化。显然，达尔文当时的研究条件还难以充分地说清这些。

在近两个世纪的研究中，人们开始清晰地提出，生物的进化

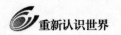

不是源头。生物的进化源自物质的进化，物质的进化才是整个宇宙发展的根本。

二、霍金近著《我们从哪儿来》，全面揭示了物质进化论

玻璃的发明让世界出现了奇迹，伽利略用自己改造的玻璃望远镜证实了哥白尼的日心地动说。哈勃更是进一步用自己的强大天文镜证实，宇宙至今仍然在急剧地膨胀扩大。另一方面虎克发明的显微镜第一次证实了细胞这样微小的生命物质。玻璃仪器打开了极大的宇宙和极小的物质元素这两个极端世界，从而逐步揭开了物质、宇宙和生物人类的秘密。

爱因斯坦的两个相对论彻底解放了近代人的思想，没有什么不可能，世界本身就是开放的。他的理论让科学家着了迷，伽莫夫大胆地否定了所有宇宙产生的理论，而提出我们所处的一切，包括宇宙都源自一次创世大爆炸。霍金虽身患不治之症，然而由于对相对论的痴迷使他健活至今。霍金是位数学教授，但他对物理学却一往情深，写了划时代的巨著《时间简史》和《果壳中的宇宙》。近来由于身体局限，他用眼睛示意法写了篇《我们从哪里来》，文字不多，但却描述了宇宙的产生、时间的开始和人类及乃至生命的来源。文中是这么写的：

为了方便，你可以请上帝来决定宇宙如何开始，科学家因此提出一套理论：宇宙在扩张，但没有开始，最著名的或许是1948年提出的宇宙稳恒态学说。

这种理论认为，宇宙永远存在，而且看起来永远不变。这后一特性的一大优点在于，这是可以得到检验的预言，而可以得到检验是科学方法的关键因素，结果发现，这种特性并不存在。

证实宇宙起初密度极高的观测证据，出现在 1965 年 10 月，

人们发现，整个太空存在着微弱的微波背景。唯一合理的解释是，这是早期高热量高密度状态遗留下来的辐射。随着宇宙的扩张，这种辐射冷却下来，直到我们今天看到的残余。

理论也支持这种想法，我和罗杰·彭罗斯一道认为，如果爱因斯坦的广义相对论是正确的，就应该存在一个奇点，一个无限密度和时空弯曲点，那是时间的开始。

宇宙始于大爆炸，并越来越快地扩张，这称作膨胀。宇宙初期的膨胀快得多，千分之一秒中，就扩张许多倍，膨胀使宇宙变得很大，很均匀，很平坦。宇宙不是完全均匀的，不同区域之间存在着微小的变化，这些变化导致宇宙早期的温度差别，我们可以在宇宙的微波背景中看到这种情况。

这些变化意味着某些区域的扩张速度稍慢一些。这些地区最终停止扩张，并再次崩溃，形成星系和恒星，太阳系也就形成了。

我们的存在就归功于这些变化，如果早期

史蒂芬·霍金

英国剑桥大学卢卡斯数学教授，他的《时间简史》、《霍金演讲录——黑洞、婴儿宇宙及其他》和《果壳中的宇宙》奠定了现代宇宙学的基础。

他在《时间简史》的最后结论中写道："以寻根究底为己任的哲学家跟不上科学理论的进步。18世纪，哲学家将包括科学在内的整个人类知识当作他们的领域。然而，当今科学变得过于专业化和数学化了……以至于连哲学家维特根斯坦都说：'哲学余下的任务仅是语言分析。'"

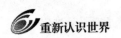

的宇宙完全是平滑均匀的，恒星和生命就不可能出现，我们是原始量子起伏的产物。

霍金以渊博的知识和开放的认识为我们描述了奇点的产生，大爆炸的发生，时间的开始，宇宙的扩张，星系、恒星和太阳系的诞生，生物生命的由来。他精练地描述了137亿年前从大爆炸开始到今天所发生特大事件的全过程，一切从一个奇点开始，也可以说从一无所有开始，奇点产生后所带来的一切。这一切符合达尔文的思想。进化分生物进化和非生物进化两种，大量的科学证据证明以32亿年前地球上出现第一个细胞为分水岭，前一段是非生物进化阶段，也就是物质的产生和进化，历时105亿年，后一段为生物进化阶段，主要是细胞和生命的进化。生物进化是物质进化的自然延续。而整个进化的本质，是物质的进化特性。物质在一无所有中，产生奇点，产生上帝粒子和夸克等粒子，进化之为原子、分子、有机物，后阶段发展成细胞和基因。说明物质本身不是碌碌无为，而是不断有所创新。而这种作为，源自不均匀的宇宙，源自原始量子起伏的作用。

三、宇宙的物质进化历程，是一部丰富的物质进化发展史

生物的进化源自物质的进化，物质在137亿年前的大爆炸开始产生，风风雨雨走到今天，我们不妨总结诸多科学家对物质进化历程的描述。

137亿年前，一团浓密的能量团，或者是一个密度极高的奇点发生大爆炸。

爆炸之初	运动和变化从此开始了，相应的空间和时间从此产生
第一时间	光子产生

在第 0.01 秒钟　　电子、色子诞生了

第 0.1 秒钟　　　　夸克等粒子诞生

第 3 分钟　　　　　质子和中子开始聚集，原子核形成

第 30 万年　　　　 原子开始形成，之后，氢、氦、锂、铍大量生成

100 万年左右　　　原子走向广泛和成熟

1000 万年　　　　 氢气和氦气被分割成更小的星云，宇宙已现雏形，分子的最初形成时间，尚未见报道，不详。

117 亿年前　　　　类星体（星系的前身）逐渐形成。

107 亿年前　　　　恒星等大量出现

50 亿年　　　　　 太阳开始诞生

47 亿年　　　　　 地球利用太阳形成后的残余物开始形成

45 亿年　　　　　 月亮诞生

42 亿年　　　　　 地球水圈形成

40 亿年左右　　　 地球空气圈诞生

32 亿年前　　　　 地球水圈里第一个细胞诞生，标志生物时代开始

10 亿年　　　　　 水生植物大量繁殖

5.7 亿年　　　　　地球大陆形成

3.6 亿年　　　　　脊椎爬行动物在陆地出现

2.5 亿年　　　　　恐龙时代，先后持续了 1.85 亿年

6500 万年前　　　一颗直径为 15 千米的小行星与地球发生碰撞，这次灾难之后恐龙灭绝了，同时灭绝的还有 70% 的动植物。

6300 万年前　　　哺乳类动物大量在陆地繁衍

2000 万年前　　　猿猴类动物开始出现

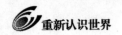

400 万年前	人从某种猿种进化成直立行走的高级动物。
200 万年前	人类的语言开始形成
170 万年前	中国元谋猿人开始生活
70 万年前	古智人开始在非洲发展壮大
20 万年前	北京猿人出现
4 万年前	克罗马侬人在欧洲出现
1 万年前	最早的历法形成
6000 年前	人类文字出现
5000 年前	铁铜器出现
公元前三百年左右	是柏拉图、亚里士多德、孔子时代，他们用观察和思维去认识世界。
公元前四百年	宗教开始出现
1687 年	牛顿发表了《自然哲学的数学原理》，牛顿一生科研、制币、打官司三件事干得都很精彩。
1905—1915 年	爱因斯坦，两个相对论使经典物理走进现代物理时代。
近 50 年	进入数字网络时代

从以上物质的进化历程中，我们可以看到，物质曾出现了几次质的飞跃。

创世大爆炸，物质的诞生，原子的形成，宇宙的演化，有机物的出现，细胞的诞生，基因的发展，人类文化思想和科学技术的进步，飞机、电脑、航天器等科技物质的大量涌现，构成了物质光彩夺目的进化历史。

而这一切，是物质的进化特性，但物质为什么如此聪慧，一步步创造着原本各路神仙和上帝都无法想象的奇迹？

四、从物质进化的总历程中可以看出，物质是如何神奇地完成无机物质到有机物质，再到生命物质的重大进化

物质创造了无数个从无到有、从低级到高级、从简单到复杂、从种类少到种类多的奇迹。在这个长达 137 亿年之久的进化历程中，最重要的物质从起始的无机物状态，经过 100 多亿年的修炼，逐步完成了向有机物，特别是碳水化合的高分子物质进化，并很快在地球大自然、水、阳光、土壤、空气的良好环境中，神奇地再次进化成生命物质——细胞。

无论人们如何想象，这样的变化都是不可思议的。当人类出现，用镜子对照自己的完美时，简直不知道这是怎么回事。当然最初人们创造了神仙和上帝，认为只有无所不能的神仙和上帝才会有此神功仙术。但科学家们的一步步努力，终于揭开了物质进化的秘密。人们仿造了大自然的能力，即在雷鸣电闪之中，给足了物质变化的条件。从无机物到有机物的转变，人们在自然环境中或实验室中都一一用物理化学的方法创造出来。最有影响的要数德国化学家沃勒，他早在 1828 年就在实验室中成功地以无机物合成了尿素，揭开了人们研究有机物的序幕。在大自然的创造下，碳在物质的同伴中，不断寻找与自己可以化合的各种元素。所以说，是大自然开创了一个新的物质时代——有机物的时代。

更有趣的是，当人们认识到任何生物都是由细胞组成的之后，关于细胞物质的研究极大地吸引着那些聪慧热情的好奇者。

奥巴林最早提出了生命由无机物到有机物、有机物到细胞的三阶段生物进化理论。

奥巴林的生命学说引起英国大学教授尤里的兴趣，他决定和他的学生米勒一起来完成这个实验。

米勒把细胞原始物质甲烷、氢气和水蒸气放在实验器皿里，

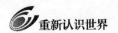

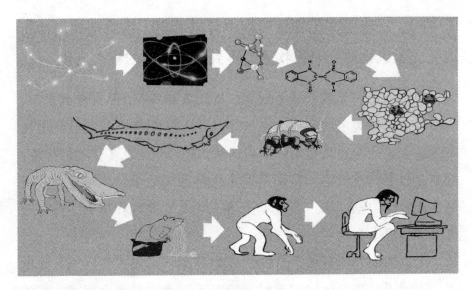

人类进化图

　　人类的进化是由上帝粒子开始，经历了从粒子、原子、分子到有机物的物质进化历程，又经历了从有机物、细胞、微生物、水生动物、两栖动物、哺乳动物、猿人到人类的生物进化历程，这一切都源自物质的进化。

并模仿大自然的电闪雷鸣和辐射。一个星期后，奇迹出现了，组成细胞的几种氨基酸出现了。

　　尤里和米勒的实验轰动了世界，从此各国科学家争相仿效。很快，组成细胞物质的所有化学物质，人们都可以合成出来。科学家证明了米勒的结论："**生命的起源是经过化学的途径实现的。**"

　　当然，我们至今还没有用人工的方法把化学原料合成为细胞，这个巨大的奥秘还未被我们破解。但是人们又去用生物变化的角度去反向研究生物的进化。人们已经可以用培育基因的办法人工生产出肉细胞，并产生出大片肌肉。看来，物理化学方法和生物方法的结合终将全面证实物质进化成生物的全过程，但这些已经不重要了。因为把各种科学现在综合归纳在一起，从各方面全方位地去认识物质，都共同支持物质进化的这条主线。这其中物质产生和宇宙演化是整个过程的关键。爱因斯坦的相对论一再告诫我们："没有什么不可能，没有什么不可思议。"物质是个无奇不有的东西，它从无到有、由少到多、从简单到复杂、从低级到高级。它自己像石猴子孙悟空，会千变万化。当细胞产生，就出现了生物。化学反应加上生物的作用，物质和生物的进化步伐大大加快了。

五、进化论说明了物质神奇的进化本领，而这些本领是由物质一系列的进化特性起作用，共同促成的

达尔文在生物进化论中特别强调选择使生物从低级到高级，变异使物种从一种到多种，遗传使物种保持了进化的连续性。物质的进化是神奇的，进化创造了奇迹。从大量进化情况可以看出，物质由变化到进化，是一种飞跃，从传统的观念看，变化只是化学物理性地变来变去。而实际，进化使变化有了方向性，这个方向就是从无到有、从少到多、从简到繁、从低级到高级。这不是一般地变来变去，而是一步一个台阶，一批台阶一层楼，向前向上向高向好向优向美地进化，这便是神奇之所在。物质具有无限的创新能力，每一步都是一个创新过程，至于三次大的飞跃，这种创新是开天辟地的创新。所以，这一切不是只说个进化就能说明白的。选择、变异、遗传针对生物还好理解，但针对物质，似乎不可思议。然而事实的根本就是这么不可思议。生物的选择、变异、遗传等进化能力都源自细胞，而细胞的这些能力又自然归功于物质。我们从物质百亿年的变化来看，进化本领远不止这些。物质有选择、变异、遗传、合成、分解、有序、修复、循环、平衡、亲和、灾恶、创新等一系列进化本领和特性。

物质的进化，首先是有方向性和目的性，是一个趋美趋优趋新的过程。这就在整个变化过程，让物质必须有选择性。生物的

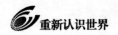

选择是如何适应环境和提高自己的生存能力。而物质的选择是如何从无到有、从少到多、从低级到高级。物质在产生之初，就具备这种本领，从一声大爆炸，上帝粒子的产生，一秒钟就选择进步成夸克等粒子，三分钟就进步成原子核，30万年就进步成原子，之后的分子、有机物和细胞基因等。物质在千变万化中选择，这种向优向好向成熟的变化过程就是物质选择本领的体现。

变异自然是生物和物质都共同拥有的本领。我们看一看，现在的微生物、植物、动物世界，上万个品种，每个品种又变异成不同类型的物种，这令人眼花缭乱、不可胜数的生物世界就是变异的结果。这一脉相承的源自物质的本领，当夸克粒子形成时，很快出现了许多变种。我们现在在对撞机前，已发现亚原子粒子200多种，这一切都是夸克的变异所致。原子更是如此，109种元素，又生出许多变种。同是碳原子：石炭、石墨、金刚石等各不相同。到分子层面，那变种就多得举不胜举了，物质在娘胎里就有这种变异特性，自然在生物细胞中会发扬光大。

遗传的特性无论物质和生物都很明显，粒子、原子、分子在100多亿年的千变万化中，都始终保持着原来的原始结构，这就是传承的力量。生物中的遗传虽不像物质那样严格恪守，但是基本特性的遗传，这是传承了最基本的东西。猫科动物现在变异了猫、虎、豹等多种，但他们善于奔跑、吃肉为主的特性却始终未变。

合成和分解本身是物质的化学特性，物质的千变万化就是不断地合成和分解的过程。离开了合成和分解，物质便失去了变化的本领；离开了合成和分解，物质进化便无从谈起。当物质进化成有机物时，合成和分解更是碳水化合物的特殊本领，物质可以合成为碳分子长链，又可很快燃烧还原成新的无机物。生物的细胞是众多有机物的合成出来的。而细胞的产生就是细胞自身不断分解的过程。合成和分解，是物质变化和进化的基本形式和根本特性。

有序性是物质在进化中遵守的一个重要原则。这在物质形成之初就是基本物质元素都共同遵守的纪律。三个基团在夸克体内运动，所有的夸克都整齐统一的相同，原子核由质子和中子构成，每种物质都无一例外。一个电子绕原子核旋转是氢，二个电子的是氦，六个电子的是碳，每种原子是多少个电子都是有序地遵守共同的规则。所有的水分子都是氢和氧构成，所有的碳水化合物中都以碳为主，所有的细胞都有各种氨基酸，而基因必然是脱氧核糖核酸，物质和细胞都有序地遵守自己特有的规则，没有任何一个例外，这便是有序性的价值所在。因为物质的有序，才使物质的变化和进化在有序的环境里一步一步地往前走。物质一旦失去有序的特性，那么变化永远只是变来变去，在一个平面跳舞，而不会出现一步一个台阶的进化。

修复本领在动植物身上很容易表现。树枝折了，会长出新枝，叶片落了会生出新叶，手脚破了会修复如新，甚至像蚯蚓，你把它剁成两节，它会修复成两只蚯蚓来。这个特性显然是从物质中传承而来，当你电解水，使水变成氢和氧。然而，当它们再次相逢，立即会再还原成水。电解使氢和氧的电子链分开，但它们很快会修复成氢和氧两种原子。原子中的电子的修复能力比生物快得多，它以量子引力的接近光速去修复自己。生物缺少了修复能力是不可想象的，因为它随时都存在被攻击的可能。而物质缺少修复能力那就是更可怕的事，如果电子被破坏后不迅速恢复，那我们的生物圈将被电子所充斥。整个地球会被一层厚厚的电子层所包围。如果这样的话，我们还能存在吗？

循环特性。物质与生物的循环大家已司空见惯，物质不灭能量守恒就说明物体的各个因素都处在循环之中。至于地质大循环

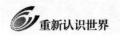

和恒星的生生死死从宏观物质层面也在体现大物质的总体循环。至于春去冬来，植物动物的生死消亡，更是物质中有机物、无机物和生命物质在循来环去地枯荣更替。循环既是物质和生物的天性，又是大自然和万物的基本规律和法则。物质和生物一旦失去循环的特性，那这个世界将不是一个平衡有序的世界。而循环的本质是建立在变化和进化之上的，物质和生物都是在不断的否定自我中创新，在创新的循环中进化。

平衡特性。这对进化十分重要，每一次物质和生物的变化和进化，都呈现出一种新的情景，而这个新情景与大面积的老情景会出现矛盾。如地震破坏了原来的植被，这使泥石流等横生，随着时间的推移，新的植被会长出来，山坡会逐渐产生新的稳定，从而很快出现平衡。生物更是这样，老虎生长多了，打杀奔跑能力增强了，那么它们的食物山羊会减少，当山羊数量减少到一定数量时，饥饿的老虎也会自我消长，去达到新的平衡。否则只有一个结果，老虎吃光了山羊，最后饿死了自己。平衡是物质和生物都共有的一种特性，它十分普遍，也十分微妙，然而，它却由于自身的重要性而永远地存在。

亲和性。这是一个美好的性格，即和谐相处在环境里。物质的化学特性和物理特性都有亲和性，这是由于物质的亲和才使三个基团紧贴一起，以亲和的形态形成夸克。电子以亲和的态度向原子核靠拢，才使原子保护着安详的形象。两种原子和谐相处，才会化合成新分子。一个有机的碳分子化合物的各种元素都亲和地各就各位，这个碳分子才会组成一个长链。细胞内各种氨基酸等有机物亲和一堂，这个细胞才是健全健康的细胞。各种生物和谐相处，才能互生共荣，相济一堂。夫妻能亲和恩爱，才会幸福美满，才能亲和善良，才会有和谐家庭和社会。这一切，都源自物质和生物的亲和本性。亲和现象是物质和生物的普遍现象，也是创世以来，就永远存在并无限期传承的现象。

灾恶性。这和亲和性相反，反映了物质和生物的一体两面。这也是人们长期争论的问题。东方人说"人之初，性本善"，说人以亲和性为主，西方文化认为，"人天生，性本恶"，所以要防范，要法制，要惩戒。这说明同一个人有美恶二面，即亲和性和灾恶性同体。这是符合所有物质和生物特性的。物质天生就有趋优趋美，和谐亲近的亲和性，也有生灾作恶，丑陋邪佞的灾恶性。有天崩地裂，有山呼海啸，有洪水猛兽，有生死离别，有病痛伤损，有天灾人祸，有打骂杀戮，有战争械斗。物质、生物、人类，包括每个人都是亲和灾恶共有，真善美和假丑恶共存，"金无足赤，人无完人"就是这个意思。亲和性和灾恶性充分表现了各种物质和生物个体的特性，具有彼此消长的特点。

创新性。物质为什么会比神仙还神奇，把自己的历史发展得如此完美？我想到人类400万年，一步步从野兽走到今天的文明，是由于人类有一个聪明的大脑，这个大脑，有创造力，会创新，能不断改进文化思想，不断去创新科学技术，才使人类社会有了今天。但是至今，人们还没有能力创造任何一个全新的细胞和物种。可物质显然没有人的脑神经元，怎么会创造了自己，创造了宇宙，创造了生物，创造了人类，并创造着未来？想来想去，我终于想明白了，因为人的大脑神经元，本身就是物质，人的一切都是物质，都是物质这个母亲所出。创新性不来源于人，而是来源于物质。尽管说物质的创新性让大家很难接受，这只是我们自己的思维惯性，把自己抬高为万物之尊。其实，创新性源自物质，物质有了这种创新性，才会有今天的精彩和辉煌。

合成和分解是物质变化和进化的基本形式，而有序、修复是物质进化的有效保证，循环和平衡是进化的不断探索方法，亲和和灾变是变化的两面性。物质在上述的进化方式方法中，由创新

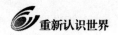

性产生从无到有，用选择性去让物质由低级到高级，由变异性使物质进化由简到繁的多样性，但遗传则保证了物质的从少到多和基本特色性。当然，我从物质和生物的进化过程中总结归纳了这十二项物质的进化本领（肯定实际比这十二项多），正是这些本领的存在，才使进化成为一系列配套、连贯、有效和优质的进化，进化才可能完美惊人地出现一个又一个奇迹和神话，进化才使137亿年的物质历程丰富多彩，惊天动地。

六、物质的转化特性同样创造出又一个新的神奇，那就是科技物质出现并充斥现代人类的生活

物质不但会进化，而且更神奇的是还会转化。

我们在化学课本中，对物质的转化是司空见惯的。氧和氧相遇，燃烧转化成水，水和碳发生化学变化，转化成碳水化合物。这种物质转化成那种物质，或者那种物质基础又还原转化成这种物质。物质用化学、物理、生物等各种方法转来变去，这是物质的转化，我们已习以为常。

从"重新认识物质"一章中我们讲到，从物质体内可以转化出能、力、光、电、磁、辐射等一系列的半物质，而物质和半物质的运动变化行为转化成空间和时间等这类非物质。物质、半物质和非物质三者是互为依存的因果转化关系。

但这种转化就更让人不可思议。莱氏兄弟，用科技知识，通过自己的思考发明，并制作实验，发明了可以飞上天的飞机。飞机是一种新的非物质直接进化的科技物质，这种新物质的来源却出自非物质的科技知识。18世纪，有个伟大的发明家爱迪生，用自己头脑中的科技知识发明了电灯、留声机、电话等一千多种新科技物质。这所有的新发明都源自一个共同的非物质的知识世界。科技知识是非物质，而思想发明制作是半物质，用的材料是物质，

最新测绘的背景辐射图又让宇宙形成时间提前了

欧洲航天局公布了有关宇宙中最古老光线的迄今为止最详细的观测图，这其中蕴含了我们宇宙诞生与死亡的秘密。

这一让人期盼已久的最精确宇宙微波背景辐射图是根据2009年发射的价值7亿欧元的"普朗克"太空望远镜的观测绘制的。宇宙微波背景辐射指的是在138亿年前形成宇宙的"大爆炸"余辉。

这幅图告诉我们，宇宙在形成之初在一眨眼的时间里就膨胀了万亿万亿万亿倍——至今的宇宙也会继续膨胀，直到最后变成寒冷、黑暗、无边无际的虚无。

从距离地球100多万公里的一个有利位置，"普朗克"绘制出了这一微波背景中的微小变化，这样的变化在整个宇宙中现在还一直在发生。图中的蓝色斑点的温度只比橙色斑点低0.01%。

天文学家相信，这些变化反映了"大爆炸"之后随即发生的"量子"波动，这些波动先后经过了宇宙两个膨胀阶段的放大，第一个是宇宙膨胀速度超过光速时的短期"宇宙膨胀"，第二个则是较长的缓慢膨胀时期。

在接下来的138亿年中，这些密度不均的小块区域在引力的作用下增强了，最后变成了气体云、恒星、行星和星系。

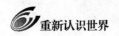

而转化出的科技产品却是一种新的物质。这种过程，是一个转化的过程，而这种转化，从人类与猿揖别后就开始了。人类把树木枝条变成木棒，把石头加工成石器，开科技物质之先河，以后源源不断地产生工具，产生新材料，产生新商品，产生新武器，以至到今天，我们人类社会已经被现代化的新科技物质所包围。科技转化成生产力，转化成人类社会的需求，转化成人类生活的各种用品和享受。人们用科技去实现一个又一个梦想，科技新物质的层出不穷，说明了非物质、半物质和物质这种转换的力量。

物质是可以转换的，半物质也是可以转化的，非物质更是可以转化的。三种物质的转来化去，才使整个世界丰富多彩，才使整个宇宙神圣亮靓。如果人类没有发明玻璃，就没有望远镜和显微镜。我们的今天仍然是过去既无最大也无极小的朦胧世界。200万年前的社会，如果人类不发明木石工具，至今仍和猿共处，与兽同穴。物质的转化让人类脱颖而出，人类的大脑创造了转化的奇迹。

七、运动、变化、进化、转化说明了物质的有为性，有为的物质是由运动、变化、进化、转化四种能力体现的

物质不是静悄悄躺着睡大觉的无为懒人，相反，物质是在永不消停地运动、永不停止地变化、马不停蹄地进化、日新月异地转化的有为者。物质的有为是它的四种特性，运动、变化、进化、转化。这四兄弟像西天取经的唐僧四师徒，用了137亿年，才走到今天。

我们感叹物质的神奇，它用自己的有为性产生了难以想象的神奇和奇迹。星球、宇宙、大自然、微生物、植物、动物、生态环境、人类、社会、历史、科学……这一切都在一声大爆炸中一个一个出现了！而且出得神奇，出得绝妙，出得精彩，出得完美！

我们赞美我们的母亲——物质，我们的每一个细胞都充斥着物质。我们自然应该传承和发扬物质的有为性，去共同创造美好的明天。

八、结论

（1）一声创世大爆炸，物质从产生上帝粒子开始，历经137亿年的发展从非生物进化到生物，创造了今天的世界、宇宙、人类和文明。

（2）物质是有为的，它从无到有，从少到多，从简到繁，从低等到高级。

（3）运动、变化、进化、转化四大特性构成了物质的有为性。

（4）选择、变异、遗传、合成、分解、有序、修复、循环、平衡、亲和、灾变和创新能耐构成了物质的进化历程。

（5）物质和半物质转化成非物质，形成了时间、空间、意识、精神、科技等非物质世界。

反向亦然，非物质转化成半物质和物质，出现了飞机、飞船、电脑、楼房等一大批新科技物质。

是物质的转化促成了人类的现代文明。

重新认识灵魂

——人因灵魂而聪慧，物有灵魂而有为

灵魂

是人类至今仍争论不休的命题

神仙说有

人间疑无

灵魂到底有没有，是什么？

我们不妨刨根问底

一探究竟

灵魂

操杀生死

事关愚聪

人人关心

却疑云重重

当我们溯本求源

原来是天赐物质

一种特殊的功能

导　读

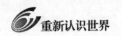

重新认识灵魂

一、令人费解，灵魂是什么？到底有没有？它来自何方？

当你打开历史书，去看人类的发展史，其中贯穿始终的一个主题，是关于灵魂的认识，这是一个令人费解，既久远又无解的问题。人们至今未给其下一个准确的定义，甚至灵魂是什么，到底有没有，更是仁者见仁，智者见智，一千个人就有一千种说法。至于它源出何地、来自何方，更是一个无从查知、渺无答案的谜。

自从人猿揖别，人类就比聪明的猿猴多了一种思维，那就是反向思维，对所出现的问题，会反过头来问，为什么？

人类第一个为什么？便是对生死的认识。一个活蹦乱跳的人，为什么会突然停止了呼吸，眼睛不看了，嘴巴不说了，耳朵不听了，鼻子不嗅了，手足不动了，脑子不想了。而人的肉体却仍然完整，为什么人就这么死去了。显然，结论是共同的，每一个人，由两部分组成。第一部分是血肉之躯，第二部分则是灵魂。当灵魂和身体俱在，即为一个活人，如果灵魂飘然离去，人便逝去。

显然，最早对灵魂的认知，就是指人的感知思维，人一旦失去感知思维能力，就是灵魂脱壳而出。

于是，人类最先感到神秘神圣至关重要的是灵魂，人一旦失去灵魂，感知思维便停止了，人的身体只剩下一个毫无生命的尸体。

灵魂从一产生，就充满了神秘感，它来无影去无踪，但却主宰生死。它充满了神圣感，它的回归也让一些人死而复生。更为重要的是：一些人感知思维聪明，成了杰出的人物，而另一部则愚昧迟钝，成了淘汰的对象。

灵魂的神秘性、神圣性和重要性让人类充满疑问，人们的认知无法科学地解释这种现象。人类只能以崇敬的心情对灵魂顶礼膜拜。

首先，人们认为死亡是灵魂脱躯而出，但魂归何方？引起了人们的遐想。于是有人认为它可能像鸟一样飞上大树，让树附上灵魂，所以它长得又粗又壮。有人认为灵魂附物，如高山大河，让其育养生灵，对灵魂的各种归属设想变成各种图腾，促成了人类的祭祀活动。正如霍金所说：

最早在理论上描述和解释宇宙的企图牵涉到这样一个思想：具备人类情感的灵魂控制着事件和自然现象，它们的行为和人类非常相像，并且是不可预言的，这些灵魂栖息在自然物体，诸如河流、山岳以及包括太阳和月亮这样的天体之中。我们必须向它们祈祷并供奉，以保证土壤肥沃和四季循环。

在公元前400年先后，人们为灵魂去向找到了两个最为合理的归宿，一个是天堂，那是一个理想化的地方；另一个则是地狱，一个阴森可怕的幽地。这么多灵魂在天堂地狱进出游荡，得有一个有威望的管理者，于是天堂的上帝和各路神仙，地狱中的阎王和各种鬼魅也就产生了。

无论是图腾崇拜，还是神灵崇拜，其都为了一个目的，是安置灵魂的地方。

由此可见，灵魂的实质即人的感知思维能力。所以说，每个人都有感知思维，这就是灵魂。这样，它出自何方等一切问题就迎刃而解。这个被人类长期争论的问题，追根刨底后，原来就这

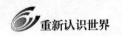

么简单。

二、动物和人的灵魂——感知思维是生存之本

感知思维以人和动物为物质主体，它自身是一个中间过程，即能和力操纵的无质量无形体的半物质，而它行为的结果、思想、意识、精神又是非物质。

灵魂出壳图

人是有灵魂的，人没有灵魂便是死亡。我们的先祖在瓮葬时给瓮罐留上一个孔洞，好让灵魂出没。

原来，灵魂就是感知思维能力。

人因有灵魂而聪慧，成为万物之灵。

物质有灵魂而有为，有了运动、变化、进化、转化的功能。

感知思维分两大部分，一部分是感知，另一部分是思维。

感知分探索信息、接收信息、发送信息、利用信息四个步骤。我们的眼睛四处张望，是采集信息，当把外部情况接收到视网膜上，立即发送出去，经过思维系统处理后，再把信息反馈来，眼睛利用接受到的反馈信息，即采取行动，是跟踪还是放弃。

思维分传输、分类、存储、对比、思维、决策、行为、反馈，共八个环节。首先把感知的信息传输给大脑，大脑第一步是进行分类，按大脑分工把信息送达并存储，然后对信息进行对比分析，经过周密的思维，作出决定决策，把决定决策反输送到执行器官去执行，当任务完成后，把执行情况再次反馈回来。

感知思维是一个快速连贯敏捷有效的系统过程，这保持了动物和人的协调性和有效性。

人的感知能力是全面的，眼耳口鼻舌肤等都很敏锐有效，所以能广泛地感知各种信息，而且整个大脑神经系统都十分发达，有一个聪慧的大脑和十分复杂完善的神经系统，思维能力超过任何生物。正因为如此，人才成了万物之灵，生物之尊。

显然，感知思维能力对人和动物很重要，这是他们的生存之本。

动物没有人感知思维强，但它们的这种器官和能力也是显而易见，比较好理解。作为整个群体，动物的感知能力从某些方面远超人类。它们的眼耳口鼻更为敏锐，同时它们还有许多人所不具备的感知能力，这让它们适应各种复杂环境和差异悬殊的地域，这类不可胜举的例子已为大家所熟悉。当然，动物的思维能力显然逊色于人类，但它们依然是聪明绝伦的，这使它们能够在十分复杂恶劣的环境里仍然坚强地生活下去，它们用感知思维能力不断去调整自己适应环境变化的能力，应对各种威胁自己生存的险恶情况。

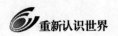

不管怎么说，动物和人的感知思维能力是十分明显和好理解的，因为他们的神经系统和感知器官是明摆的事，这是专业的感知和思维系统，它无时无刻不在起着相同的作用。

三、植物没有神经系统和专业感知器官，但它仍然有灵魂，这当然是感知思维能力

当我们把灵魂放在植物体上，我想不同的认识会得出不同的结论。植物显然没有明显的神经系统和专业感知器官，它是否有灵魂，可以感知思维呢？

我想大多数人会迟疑后再回答：植物亦然有灵魂，也就是说，植物也有感知思维能力。如对空气、阳光、水、土壤就十分敏感。种子在石头上不会发芽，遇到土壤就会发芽，温度高了不发芽，温度低了也不发芽，只有它感知到合适的温度，它就相应地行动起来。一粒种子无时无刻不在感知外部环境，思维自己该如何行动；向日葵的花朵随着阳光转动，是为了更好更多地吸收阳光；森林的树竞相长高，也是为了更多地得到阳光的照射；含羞草当人指向它的时候，它为了防止被伤害，就很快把自己关闭起来；有一种食虫草叫猪笼草，能释放出一种吸引虫子的气味，当虫子落向它时，它能捕捉并把虫子消化掉。

植物为了生存，和有脑动物一样，开展着生存竞争。

拓荒先锋地衣，是一种最低级不起眼的植物，可它为了生存，却表现出了特殊的生存智慧。它是由两种不同门类的低等植物——真菌和藻类结合的复合体，双方形成了互利互依的共生关系。地衣的外围是真菌和菌丝，内部都是陆生藻类。藻类通过光合作用为真菌提供食物。真菌为藻类提供水分、无机盐，并使之免受外界伤害。

由于这种共生关系，地衣种类繁多，分布广泛。小小地衣，

就这么聪明而智慧地生活在地球的各个角落。

仙人掌生活在干旱的沙漠环境里，为适应这种特殊环境，它的叶演化成针状，以减少水分的蒸发。茎肥厚多汁，能贮存水分，茎和表皮有厚厚的蜡质保护层，生有密集的绒毛保护它免遭强光照射。仙人掌根系发达，尽量扩大它的吸水面积。它有厚的木栓组织，保护它在灼热的沙石中顽强生存。仙人掌就是这么聪明理智地演化自己，以适应沙漠里严酷的环境。

雪莲能在终年积雪的山峰上生活，是由于它植株矮小，有积雪一样白色的绒毛，用以防寒，抗风和防紫外线照射，它根系不发达，可插进石缝中吸收水分养料。它的花大而艳丽，遇见阳光普照，叶片和苞叶便舒展开来，一有云雾，便合了起来，以防雨雾。

菟丝子为了生存，把自己的吸器插在其他茎干上，它就靠自己许多的寄生吸器去摄取其他植物的养料，过自己强盗般的寄生生活。

箭毒木为了保护自己，在树皮中含有剧毒，人畜误食，便会中毒不治身亡。

紫薇是一种怕痒的树，如果用手指轻轻搔它的树干，整个树叶都会颤抖起来，仿佛很害怕的样子。

普当树为了保护自己的干净，从树干小孔中分泌一种黄色的液汁，所以树永远是很纯洁的。

在巴西荒漠地带，有一种大肚子的纺锤树，它为了防旱，一次在树干能储两吨多水，像个小水塔。

你以为我只是说了些特殊植物，其实不然，当你看到任何一株植物，仔细地研究它，都是一部故事书，它们为了生存，都在用自己的感知思维能力，去发挥着选择、变异、遗传等进化本领，以使自己在适应中得到永生。

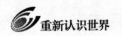

植物为了生存，根具有趋水性、趋肥性，茎干有顶端优势，向上争取阳光。

四、无脑的微生物世界，依然依靠感知思维这个灵魂而精彩地生活着

虎克发明的显微镜为我们揭开了另一个庞大的生物世界——微生物世界。

微生物是群看不见的生物的总称，共分为原核生物界、原生生物界和真菌界三界，和植物界、动物界、人类共称为生物六界，即六大类。

原核生物界是单细胞生物，其结构简单，只有原始核。而其他生物都有含真核的细胞，细菌和蓝藻就属这类生物。

原生物界显然是含有真细胞核的生物，它和植物界的细胞有些相近。

真菌界的生物，则以吸收其他生物所产生的物质生活，它的细胞又与原核和原生不同。

地球在 32 亿年前，当水圈和空气圈刚刚形成，非生物的进化很快进入到生物进化阶段，水和空气中的上述微生物相继出现了。

最早出现的微生物是单细胞的细菌，它只是一个小的不可再小的细胞，结构十分简单，形体微乎其微，但它却与非生物的有机物和无机物大不相同，它会吃会喝会生活，而且生存能力极强，繁殖力也很强。

真菌的家族十分庞大，约有 10 万多种成员，真菌的细胞质虽然比细菌有较大进化，那经历了许多亿年的进化。

身体最小的微生物要算病毒，它比细菌要小 100 多倍，在光学显微镜中都看不到它的身影。只有在放大数十万倍的电子显微镜中才能看到它。

病毒的构成更为简单，整个身体连一个完整的细胞也没有，人们称它为无细胞结构的生物。大多数病毒只是一个核酸构成的芯子，外壳包着一层蛋白质。由于它结构过于简单，所以独立生活的能力差一些，主要是寄生在别的生物细胞上。别看它小得可怜，却有着极强生存能力和致病能力，可造成动植物的疾病，至今人类还束手无策，难以降服。

微生物是无头无脑的小精灵，它无孔不入，无处不在，整个地球岩石圈、水圈、大气圈内，都是微生物安身立命的地方。无论空气、水、岩石、土壤、生物体内都有大量的微生物，一克土壤就有数亿个微生物，一滴水中，它的密度更大。

微生物不但有惊人的生存竞争本领，形成了自己庞大的天府之国，同时，它的工作本领更是大得惊人。可以说，如果地球上没有微生物，这个地球也难以存在下去。微生物大都无时无刻不在忙碌工作着，净化分解空气土壤，分解消化动植物尸体，大量生成二氧化碳，地球上90%的二氧化碳均出自微生物的工作。

微生物既有造福地球的亲和性，也有为害生物的灾恶性。它可随空气漂浮三千公里之遥，飞越两万公里之高，是致许多动植物死亡枯竭的病原体。

综上所述，尽管是一个单细胞，甚至像病毒一样只是一个有机物分子核酸，但微生物所构成的世界是有无数灵魂的世界。每个灵魂，就是每个微生物，都具有超乎想象的感知思维能力。

五、聪明的碳元素使整个有机物的灵魂备显神奇

细胞的实质是由一些有机物所构成。我们可以顺理推断，细胞的感知思维能力是由体内的有机物所具备。这如同源流的因果关系，无水源，哪来的水流？

有机物有一个共同的特点，那就是它们体内都有一个十分聪

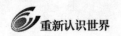

明的物质叫碳元素。没有它，一切细胞都子虚乌有，碳是组成细胞各种物质的核心物质。

说碳是聪明的物质，是它有一个比任何元素都特殊的功能，它的性格很活跃，能化合成无数多类型的化合物，形成了今天一个专门的学科——有机化学。

碳有一个特殊的能耐，碳原子除了和碳原子结合外，还能与其他元素的四个原子成键，能十分稳定地键合在一起，因此它会生成含有成千上万个碳原子的长链。

碳的化合物是地球上各种生物的生存关键，细胞中极其复杂的化学反应，其实就是碳的四个族在变化，蛋白质、脂肪、糖类和石油能源类，让生命得以维持。

有机物的聪慧表现在各个方面，首先它对外界非常敏感，大自然的任何变化它都能感知得到。例如温度，它随温度的变化准确及时发生相应的变化，冷缩还是热胀？燃烧还是熄灭？有机物在大自然中不知疲倦地寻找伙伴，寻找自己可以发生反应的另类物质。同时又无时无刻不在等待机会，等待适当的条件和环境。一旦时机成熟，它会立即感知，及时作为，进行决策，进化反应合成或分解。有人认为这不过是机械式被动的化学反应，但这符合感知的四个步骤和思维的八个环节。分解这一个化学或生物变化全过程，却符合感知思维的程序和实质。所以说，有机物对温度、光、电、磁、力、辐射都十分敏感，只要有条件，便会产生变化。

正由于有机物这种聪明的本性，聪明的人至今还造不出细胞来，而30亿年前，碳物质就在适当的条件下，造化出了活灵活现的生灵。

六、无机物虽比有机物反应迟钝，但它仍然是灵魂附体，有明确的感知思维能力

表面上看，无机物如岩石，是多么安静和稳定，木讷和顽固。然而上面的推论到这个源头顶端不可能再被截然分开。无机物从上帝粒子、夸克粒子、原子起就灵魂附体，天生地长地带有感知思维能力。

物质的变化就说明了物质的灵魂在起着主导作用，变化之前是感知四部曲，变化过程是思维八程序。氢和氧相遇，首先是双方互相感知，然后才可能按程序行动，进化化合。物质的热胀冷缩现象同样是先感知温度，然后才实行胀或缩的行动，这是一个桃李不言、下自成蹊的自然过程。如同人遇冷打颤、遇热出汗一样，是先感知后行为的自然反映。

物质由无机物进化到有机物，再进化到细胞，这是一个不断选择和有方向性变化的过程。如果物质只是一只无头老虎，乱冲乱撞，还能达到捕抓到猎物的目的吗？

进化的连续性再一次说明，不能割裂开历史去孤立地看物质和生物，而应从大爆炸至今 137 亿年的全过程去看物质。如果物质是一个无灵魂的物质，我们就可以想象，一个无灵魂的人是什么样子。物质无灵魂所主宰，怎么会一步步进化到今天。

生物的物竞天择实际是物质的物竞天择的本性所决定。感知思维是物质的灵魂，从第一颗上帝粒子诞生，物质就有了这个天性。

是物质的灵魂让物质有了进化的天性，在感知思维中去选择进化的方向和方式。

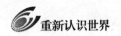

七、物质的感知思维的科技物质专业化，更充分地证明了物质灵魂的存在

由于人们认识到物质具有感知思维能力，所以开始模拟生物的感知功能，用纯物质制造出各种仿感知和思维的机器来。

电子录像技术把眼睛的功能放大了许多倍，现在已延伸到火星上去看风景，而且清晰度极高。

电话、广播喇叭把仿嘴巴的功能和声音传向世界，而录音则保持了百年前的话声。

各种仪器仪表把信息交流、信息感知变成了简单容易、司空见惯的事，电脑几乎可以和人的大脑相媲美。而机器人的功能几乎可以代替人一半的劳动技能，它和人类下棋，可以打成平手。

最近的"蓝脑计划"，直接把人大脑中的思维信息转化成机器人的动作。据说，人手指的功能亦

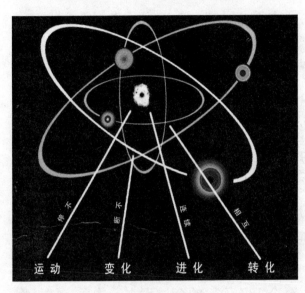

物质有为图

物质不是平直静止的物质，而是有为的物质，它的有为性表现在运动、变化、进化、转化四个方面。

物质在不停地运动，运动产生了空间……

物质在不断地变化，变化产生了时间……

物质在永续地进化，从上帝粒子开始到原子、分子、有机物、细胞、生物、人类……

物质在不时地转化，它衍生出半物质和转化成非物质，从此有了意识、精神、学问，开始了石器时代、金属时代，有了飞机、飞船等新科技物质的产生，从而促进了现代文明。

用机器手可代替，看来，机器人必将成为有灵魂的亚人类，和人相依为命。

人类高超的感知能力和思维决策能力几乎被各种无机机器所代替。这无疑从根本上说明，物质的灵魂日趋进化。

最近有个重要的发现，人的面貌、高低甚至寿命都取决于人体细胞中的基因物质，再一次说明物质决定着人类的一切，而不是人类决定着物质。根本的根本，是物质有一个指挥运动、变化、进化和转化的灵魂。这个灵魂，引导物质从大爆炸开始，历经137亿年，从上帝粒子、夸克、原子、分子、有机物、细胞、基因一路走来，创造了谁都无法想象的辉煌！物质所具备的这个灵魂，造就了物质有为的进化特性！

从物质分类上说，感知思维的这个灵魂工作过程，属于半物质范畴，它主体是信息和传输信息的信息波。这符合半物质依附于物质，又不同于物质的特性。它本身无质量、无形体，但却需要能量供给和力的作为。它的行为结果是产生精神、意志、知识等非物质。感知思维在物质和非物质两者之间穿梭，形成了物质、半物质和非物质三者的不断反复可逆转化，从而促进着物质历史的发展，促进着大量科技新物质的诞生。

八、结论

（1）灵魂是人们对感知思维能力的总体表达。

（2）物质和人一样是有灵魂的。

（3）是物质的灵魂指导物质的有为性。

（4）运动、变化、进化、转化，均在灵魂的感知思维的选择中趋好趋优。

（5）今天的辉煌源自物质的灵魂创造。

一本难得的好书

周凤玲

　　春节前夕，张光复先生赠送了我一本他即将出版的书稿《重新认识世界》。一看书名，有点吃惊——好大的口气！我觉得这个命题有点太大。带着好奇和疑问，我一页页翻下去，读着读着，眼前渐渐发亮，思绪渐渐清晰。欣喜、钦佩、震撼愈来愈强烈。自己完全被吸引、被溶入。读完最后一页，合卷思忖，内心发出由衷的感叹——了不起！真是一本难得的好书。

　　该书以物质、时间、空间、进化、灵魂五篇新说为题，全面深入地论述了宇宙天体、物质生命、时空变异、灵魂存在等宏大而深奥玄妙的大课题，大事情。书中所写的许多事情都是我们耳熟能详，司空见惯但又只知其然，不知其所以然，人人皆知，但稍一深究就会抓头挠腮不知所云的。然而，他却以其渊博的知识，独到的见解，精辟的语言，无可辩驳的事实，一一作出了令人信服的解答和阐述，使读者有了新的认识和觉悟。特别是对宇宙物质最本质的东西、核心的问题从源头的来龙去脉，中途的盘根错节，以及现在的因果关系说得清清楚楚，百疑顿消。在书中，作者以高屋建瓴之势赋予混沌开世诞生的物质——人类的母亲以新的理念，给万事万物、万象万态的变化以新的解释，在老子、牛顿、达尔文、爱因斯坦、霍金等世界顶尖的先贤达圣们的著述论说的基础上，注入了自己的独立思考和独特发现，建立起了自己全新的命题系统，并从理论层面上提到新的高度和深度。五篇论说篇篇以立意深、起点高、观念新、知识广、意义大，让人耳目一新，豁然开朗。

作者以极强的洞察力和预见性把"世界是物质的，物质主宰着世界"这个主题引向了深入，科学地指出，物质是世界的主体，但不是全部，由物质主体而衍生出半物质和非物质，这三种物质既独立，又统一，相互关联，互为因果，它们融合为一体，才构成了万事万物、万象万态、万情万学的一个万华的完美世界。物质由137亿年前的创世大爆炸而产生，这符合"有无相生"的西方智慧。更符合"道生一、一生二、二生三、三生万物，万物负阴而抱阳，冲气以为和"的老子物质观，即创世大爆炸的有无相生之道产生了以上帝粒子为基础的物质，在物质体内又散发出光、热、电、磁、能、力等半物质，物质和半物质的变化运动行为又产生了时间、空间、意识、形态、学问等非物质，三种物质的互动，从此产生万物万事的万华世界。物质有正物质和负物质，复杂万象的物质盘根错节，表面上是矛盾冲突的，但由于它们本质和基础都是物质，因而都在物质的本性中得以统一、平衡与和谐。

作者对物质、半物质、非物质三种物质的科学划分，使世界在我们眼中变得清晰明了。三种物质的相互转化更是进一步推动了物质世界的发展。"色（物质）即是空（非物质），空即是色"的物质与非物质的相互转化，更进一步说明了物质的变化、转化、进化的本质。非物质是构成世界的另一半，又一大主体，这一主体既是重要的，也是广泛的，例如时间和空间就是最初最原始的

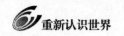

非物质。

说到时间问题，也许人们都会认为太平常了，但要再问时间到底是什么，大家肯定会张目结舌，无以回答。

尽管伟大的牛顿创造了绝对时间论，同样伟大的爱因斯坦否定了绝对时间而建立了相对时间论，但科学界至今仍在对时间是什么、到底有没有这类问题争论不休。本书中对此进行了全面的阐述和科学的说明。指出了是物质和半物质的变化行为而生产了时间，时间只是物质变化和变化过程的一种标志，它如同文字（非物质）是人（物质）的语言（半物质）的标志一样，有什么样的变化，为了说明这种变化，便会相应产生什么样的时间。读了本书，你会豁然开朗，明白"天上一日，人间一年"的传说其实并不是神话，而是科学事实。

对于空间问题的认识，人们会认为更加抽象，而且几乎都还停留在三度空间的阶段。作者对这一问题的论述是新颖的、全面的、科学的和完整的。原来，任何空间都是由物质和半物质的运动行为所创造产生的，没有物质的运动，便没有空间，运动有长、宽、高三个方向，所以人们便设定了三度空间。但这只是一个理想的理论空间，而现实中，物质（星球）运动产生的宇宙空间，被引力、能量、热、磁等变化着的半物质充盈其间，这使理论的三维空间变成了四维甚至多维的复杂弯曲的空间，在这种弯曲空间中去运动的物质所发生的新空间，就不再是理论和理想的空间了，而变成了相对的四维和多维空间。这就从本质上说明，时间（物质变化）和空间（物质运动）在物质主体的作用下是如何关联在一起，形成了时空统一论。

人类已普及了达尔文的生物进化论，生物从初级到高级的进化历程，使人类普遍接受了人是由猿进化而来的达尔文主义。但当作者提示，人是由石头进化而来时，肯定会引起一片哗然，谁都不会相信，也不会接受。然而，作者从创世大爆炸开始，物质至今137亿年的一个个从无到有的发展历程无可辩驳地指出：不是生物在进化，其根本是物质在进化。物质从上帝粒子开始，进化到夸克等各种粒子、电子、原子核、原子、分子、无机物、有机物、细胞、基因的漫长进化历程，物质进化是因，而生物进化是果。

神奇的物质进化让作者论证出物质不但有像达尔文指出的生物选择、遗传、变异、修复等物竞天择、优胜劣汰的进化本领，而物质更有分解、合成、循环、平衡、亲和、灾恶、创新等一系列进化的本领和特性。这使达尔文的生物进化和非生物进化二阶段论更加生动、丰富、鲜活和充盈，让人读后顺其自然地达到信服。

从生物进化到物质进化的神奇过程，作者提出了一个十分敏感的灵魂问题。灵魂的有无甚至被提到唯心与唯物分水岭的高度，但作者却大胆地指出，灵魂不是那魂魄和神灵。其本质是指人的感知思维能力，死亡的人肉体尚完好，灵魂却不在了。原来灵魂就是人的感知和思维。人一旦失去感知思维能力，便是灵魂离开肉体而死亡了。文章由此而及，进一步引伸出其他生物的进化中的关键是优胜劣汰的选择，选择的原因是灵魂（感知思维）在起作用，任何生物都是有灵魂的。追根刨底，生物的进化是由于生物的灵魂所系。那么物质的进化也是由于物质是有灵魂的，灵魂让物质具有了进化的灵气，从而产生了一个又一个进化奇迹。

本书画龙点睛地提出了主宰世界的物质是有为的，它的有为性表现在四个方面：运动、变化、进化、转化。物质的运动产生了无所不容的空间，物质的变化产生了无时不在的时间，物质的进化创造了生灵万物和完美神奇的人类，而物质的转化，使物质的形体和灵魂，物质和非物质等方面产生着相互转化，灵魂在促

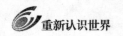

进物质的进化，而非物质的各种科学技术转化产生了大量的诸如飞机、火箭等新的科技物质，促进着人类社会的发展。

从伽莫夫的"创世大爆炸"，牛顿的绝对时间观，爱因斯坦的两个相对论，霍金的正负物质说，到达尔文的进化论等各个世界著名科学家的著述学说，作者在本书中都一一深入涉及。但绝非重复和照搬，而是经过他的熟读细研，融会贯通，糅合创新，赋予了全新的观点和结论，使之更趋完美、丰富、通俗，更易于人们理解、掌握和运用。他让世界上一切存在和现象都有了自己的归属，是对现代科学的又一贡献。由于书中广泛涉猎了哲学、历史、天文、地理、物理、化学、生物等自然和社会两大学科的知识，每科他都能信手拈来，运用自如，论据充分、论点明确、由浅入深、引人入胜、让人折服。这种敢于同世界顶级人物同论一题的胆略，敢于问鼎人类共同关心的重大问题而从容淡定的魄力，反映出作者尊重科学，崇尚自然，关爱人生，无畏坦荡的胸怀。

本书从装帧到内容、命题、索引、导语等都别具风格，阅读时引人入胜，让读者逐步开朗，有一种不读完不快的感觉。不但我们自己要读，还要介绍推荐给大家，特别是青少年去读，这是一本启迪思想，答疑解惑，使人奋发向上，增胆励志的好书，它让我们戴上了一副全新的眼镜，去看一个崭新的五彩世界！

2013 年 3 月 8 日

站在高度说世界

李广兴

　　光复的新著《重新认识世界》（以下简称《重》）说的是宇宙天体、物质生命、时空异变、灵魂存在等方面的大命题大事情。不光是说得大，关键是说得好。我是他的命题的门外汉，平日也喜欢看一些这方面的东西，但肯定是一知半解，更谈不上融会贯通了。读他的书有一种醍醐灌顶、豁然开朗的快感，因为他把这些问题说清楚了，把心头的疑团疙瘩解开了。每个人作为世界上的一分子，不得不关心自己生存的环境，也不得不思考一些有关生命的问题。但是，这些问题太深奥玄妙了，即使先圣达人们也往往难以穷根究底，说得清楚明白。时至今日，世界上尚未发现一本这方面系统完整的通俗读物，《重》适逢其时地填补了这个空白。

　　《重》之所以说的好，重要的是作者在前人著述论说的基础上，建立起了自己的命题系统，有了自己的独立思考和独特发现，对命题的论述真正达到那种理论层面和意义上的高度。

　　一是科学高度。自从有人类产生以来，对宇宙生命的解释就没有间断过。神学家发明了上帝创造万物的理论，哲学家凭自己的感知作出了多种解释，唯有科学家们的辛勤探索最令人信服。然而，时至今日人们还在"我是谁？我从哪里来？"的疑问中徜

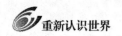

祥，因为有更多的疑问依然横亘在人们的面前。《重》正是沿着科学家们的已有结论，引导读者一步步涉难前行的。

伽莫夫"创世大爆炸"、牛顿绝对时间论、爱因斯坦两个相对论、霍金负物质（暗物质、反物质）论等等，他都论述到了。他的理论概括主要凸显在，把"物质、半物质、非物质"三项明确地并列起来，并赋予充实的内容，几乎使世界上一切存在和现象都有了自己的归属，也成为他的所有论述的稳定基础。当然，物质、半物质、非物质的概念不是个人的发明和专利，像"非物质"不仅有提法，世界上还有"非物质文化遗产"的立项名录。但是，把信息、能量、力、感知、思维、磁场辐射、光波、声源之类繁杂的内容，简洁地归纳进"半物质"的概念之中，使概念本身更加明晰显亮了。特别是把"非物质"概念与前两者相提并论，把一切无法归类的现象和存在都囊括了进去，不仅有理论上的创新意义，而且具有实践上的应用价值。

事实上，我们认识上的许多迷惘和龃龉，正是来自于没有这样明晰的概念和理论概括。光复在《重》其中一章中谈到，创世大爆炸 137 亿年以来，物质从开始就具有感知思维的本能，所以它们的运动、进化、转化的本领，终于创造出了一个谁也无法想象（包括上帝在内）的辉煌。感知思维能力是物质的本能，"感知思维在物质和非物质两者之间穿梭，形成了物质、半物质和非物质三者的不断反复可逆转化，从而促进着物质历史的发展，促进着大量科技新物质的诞生。"无机物、有机物、植物、动物、人类，都有感知思维的本领，这样合情合理、符合实际的判断，不仅回答了动植物界许多神秘莫测的现象，而且清楚不过地回答了人有灵魂存在的确切事实。

物质是人类的母亲，宇宙还在膨胀，感知思维的灵魂有无限的创造力等等，有了这些理论烛光的照耀，我们对世界的认知也会蓦然之间来到一个全新的境界。

二是整体高度。光复《重》好就好在，把人们最为关注的宇宙人生命题都囊括进去了，使著作有了集中性、系统性和严密性。概括地说，我们对世界上那些最想知道的大学问，再也不是瞎子摸大象般的一知半解、支离破碎了，而是有了高屋建瓴、一览无余的整体把握。

物质的原子分子结构、元素的变化和分解、银河及太阳系的运转、牛顿的万有引力定律、爱因斯坦的相对论、宇宙飞船行走的弯曲道路等等，许许多多的自然科学知识，连小学生都会说出个子丑寅卯来的。然而，如果不能把个别的科学结论置于宇宙人生的整个体系之中，并把所有应该具备的知识都补充完善起来，我们就很难获得对世界的整体了解和把握。同样的，不对世界从整体上了解和把握，我们所获得的局部知识仍然是瞎子摸象般的片面学问。《重》的章节设置、议论重点、材料运用、语言表述方面，做到了纲举目张、纵横捭阖，有价值的科学家及其理论几乎都涉及了，对牛顿、达尔文、爱因斯坦、霍金的关键理论都作了比较详尽的介绍，即使这方面知识缺失的人，读起来也能按照作者的思路顺利通过。同时，由于作品的论述重点十分集中突出，人们不会沉迷于其中的细枝末节，只能沿着具体理论扫平和铺垫的道路，像攀登武当山的最高峰一样，可以经过层层台阶直抵那光芒闪熠的金顶大殿。

光复《重》其中一章这样写道："世界是物质的，物质主宰着世界；世界也是半物质的，半物质充斥着世界；世界还是非物质的，非物质是世界的另一半""整个宇宙是一个大引力场。没有能和力，所有物质都将停止运动和变化。原子等物质就失去了运动的天性，星球停止了转动，光线停止了照射，生物停止了行走，人停止了劳动，这个世界将不复存在。"读者在这样的论述

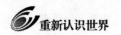

氛围中漫步，世界万象好像都袒露出了自己的真实面目，以往扑朔迷离的东西一下变得清晰如画了。"我是谁？我从哪里来？"这样迷茫无解的问题，不是也就无师自通地迎刃而解了么！

三是本质高度。俗话说，万变不离其宗。《重》论述了137亿年以来的世界万象、纷纭变化，5个章节14万言都紧紧扣住物质这个本质和前提，使读者的目光和思维一刻也没有在万象纷呈之中迷失了方向。

正如第一章索引所说："物质——世界的本质！物质——宇宙的根本！物质、半物质、非物质，这三种物质，才构成了一个完全的世界！构成了一个完整的宇宙！"自从创世大爆炸以来，物质就诞生了。它小到分子、原子、粒子、夸克、色子——即上帝粒子，它大到星尘、星云、星球、太阳系、银河系、宇宙，但它们都是由最本质的物质构成的；物质的运动变化，带来了纷纭奇妙的万象世界，无机物、有机物、植物、动力、人类，难以计量无处不在的真菌、细菌、病毒，还有非物质带来的日新月异的科技物质，但它们都没有脱离物质运动变化的本质特性；物质、半物质、非物质，同属于这个物质世界中的构成部分，按照语言学的词性分析，不论其有无修饰和什么修饰，物质的词根和主词都是相同的。

通篇的叙述始终围绕事物的本质展开、进行、收束，既简省了语言篇幅，又强化了论述主体，大幅度地提高了著作的凝练精确程度。

四是哲思高度。作为综合科学的论述文体，《重》的字里行间流溢渗透着唯物辩证的哲理思维方式，剔除了容易出现的偏激、极端、顾此失彼、缺乏针对的痼疾，成为此类作品中不可多得的典型范例。

更加可贵的是作者能够把辩证唯物主义的理论和中国传统的

哲学理念互相融通，达到了互相补充、相得益彰的神奇效果。"一生二，二生三，三生万物"，这是中国人熟悉的道家的哲学法则。一生二，是指混元世界经过清浊升降变化，分成阴阳两极的现象；而二生三的变化过程，讲述起来就没有那么直观明白了。但是，《重》中把物质、半物质、非物质三项与古老的哲思对应起来讲述，就使那伟大箴言一下子变得明白如昼了，也使"万物负阴而抱阳，冲气以为和"之类的古奥语言变得易读易解。我们的祖先在两千年前说的话，经得住科学的检验验证，足以证明中国传统文化根系的博大精深、无与伦比。

作者的叙述语言充满对世界人生的激情和博爱，往往使读者好像不是在啃读枯燥的科技论文，而是在欣赏情趣盎然的神话故事。创世大爆炸开始了物质运动的世界，而物质最终将失去力能、塌缩回归于"无"的奇点，即道家"无生有、有生无"的转化；还有与物质运动变异的向好向善趋势并存的，即是向恶向丑本能的顽强表现。在叙述物质世界这些不易法则的时候，作者的笔调情绪是坦荡平静、宽容理智的。字字句句，寓意深长。人们啊，我们已经经历了137亿年的苦行修炼，方才来到这个神话般美丽的人间世界，千万珍爱自己的生命吧！作为个体的生命的确是极其短暂的，但作为整体和世界的前途却是无限精彩的，真善美的神祇肯定会占胜假丑恶的鬼魅！

视点站在了相当的高度，论述便有了相应的广度和深度，保证《重》的分量和成色都会有所提升，成出类拔萃的科学论著和科普读本。

《重》不仅给读者以知识、智慧，而且给予了力量、信心。人们都应该在世界的舞台上，充分发挥肉体和灵魂的极限，在物质、半物质、非物质的创造中留下生命的辉煌！

据我所知，光复的《重》已经写了很长时间，第一稿我好像

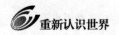

是 2006 年看的，以后还看过第二稿，加上这回的稿子，真是三易其稿、十年辛苦了！这其中，他看了多少书籍论著，查了多少词典资料，经历多少曲折弯路，耗费多少思虑心血，恐怕连他自己也未必能计算得清楚明白。就大的谋篇上每次都有相去甚远的删除折腾，完全不是一锤定音地直接来到现在的位置。我衷心对他的成功表示祝贺，并预祝《重》走得更远！

2012 年 6 月 15 日

溯本求源，耕慈播爱

张　妮

《重新认识世界》一书，其根本主题就是"溯本求源，耕慈播爱"八个字。

一、溯万物之本。

今天的万华世界来源于何方？本质是什么？这是人类长期探求的首要重大课题，至今仍无答案可解。但从大量的研究中逐渐统一到两个基本点，一是世界是物质的；二是创世大爆炸开始产生了物质、宇宙和一切。从此，物质和宇宙就出现微观与宏观两条发展演化主线。微观主线是大爆炸从产生上帝粒子、各种粒子、电子、原子核、原子、分子、无机混合物、有机物、细胞，一直到基因。这是物质的基本构成，是极微观的世界。而对应的宏观世界是形成星云、星球、宇宙、太阳系、地球、大自然、环境资源、生物和人类。这两条主线殊途同归，共同形成了世界万物。这个过程长达137亿年之久。

另一个溯本之点是，创世大爆炸只创造了物质吗？答案一曰是，答案二曰非。说是物质的原因，大爆炸确实产生了物质这个世界的主体；说非的理由是除物质之外，还有两种物质，那就是半物质和非物质。像能、力、光、电、磁等与物质有很大区别，所以归纳到半物质比较科学。而像时间、空间又和物质、半物质

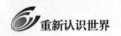

有本质的不同，所以称非物质更为准确。三种物质的划分把万物万华的一切都有区别地囊括于整个世界之中，这使世界既清晰又完整，把宇宙的构成和来源说了个明白清楚。

二、求万华之源。

有了三种物质和两条发展主线，那么它为什么会发展到今天的万华世界？这其中有个非常复杂的演化过程，本书究其原因，提出这是由于物质先天就具有四大有为性。其一是物质生来就运动不止，所以它的整个发展过程都是一个不停地运动的过程，宇宙至今仍在膨胀，运动的结果产生了宇宙这个总空间。其二是物质从娘胎中就具有变化的特性，而且千变万化，一变而永不停止，变化至今。为了说明这变化的情况，就产生了时间。物质在千变万化中，不是只变来变去，而总是沿着一个大方向，总是从简到繁，从少到多，从低级到高级，这就由单纯的变化发展成进化。故总结出其三的物质进化性。第四点是物质的变化不光是自身形体、质量、能和力四要素的变化。而且物质、半物质、非物质三者是转来化去，结果变化出飞机、电脑、航天器等大批新科技物质来，这就又形成了物质的转化特性。运动、变化、进化、转化是物质的四大有为性，正是这四大有为性，才使物质有发展、有前进，才有了今天的辉煌和精彩。

从大趋势看，物质的四大特征总是向好趋优，这是什么原因呢？文中进一步分析，原来物质和人一样，除形体之外，还有一个灵魂，这个灵魂不是别的，而是感知思维能力。是灵魂让物质能选择，能创新，它像一个无形的手去指导推动自己前进。

《重》书从本质上揭示了万华世界能有今天的缘由和出路。让浑沌迷离的世界有了清清楚楚的来源和明明白白的演化发展的理由和原因。

三、耕仁慈于世界。

书中从源头本质说清了世界的来龙去脉，更重要的是说清楚了万物的相互关系。那就是三种物质产生了宇宙，产生了自然，产生了资源环境，产生了生物人类，产生了现代文明……物质是万物之母，万华之本。这就从本质上说清了物与人的特殊关系，是母子关系。这种观点再不把岩石、水、阳光、土壤等等物质当成木讷冷清的无情物，而视为慈爱人间，施爱人类的恩重如山、慈祥仁义的母亲。这种视物如母，爱物如母的观念会让人类自然地产生知恩图报的大慈大悲之心。慈悲是一切爱的源泉。这个慈悲源泉就是让人人明白人与物质互为一体的关系，明白人与宇宙、自然相互关联，互相依存的关系，明白人与资源环境我中有你、你中有我的相依为命的因果关系。只有彻悟这些根本的缘由和道理，我们才会彻底树立起大慈大悲的情怀和理念，才会正确对待这个世界。

四、播大爱于人间。

"视物如母，尊物如人"的这种有价值的认识观和方法论是本书极为推崇的重要观点。这是根本的、极有意义的世界观。这种世界观让人类共同树立起大慈大悲的情怀，自然而然地产生真爱博爱大爱的人生感知。

这个真爱，是明明白白有缘由、有目的、有效果的爱。他爱的是和自己有血缘关系、相互依存、貌似你我而实乃一体的东西，是该爱应爱必爱的东西。是爱有所值，爱有所果的爱。这种真爱，是真善美之爱，是发自内心，出乎情理的爱。

这个博爱是爱的广大博远，像爱宇宙、爱太阳系、爱地球、爱山山水水、爱草草木木、爱一滴水、爱一把火……万物皆爱，万华皆喜。从自然扩到人类之爱，爱老尊幼、爱男尊女、爱小虫小猫小狗等一切生命、生物。这一切都是这个世界应有的一份子，

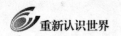

都是物质的造化，都是大自然的宠物，都是自己的同类。

这个大爱就是把物质统一起来，串联起来，研讨物质，观测宇宙，热爱大自然，爱护资源环境，关爱生物生命，崇尚人的尊严。是把爱延伸到行动行为。不是空泛的爱，而是具体实在的爱；不是停留在口头上的爱，而是落实到行动上的爱。这种爱是大而广，深而邃，宽而泛的大爱。大爱物质即大爱人类，大爱自己。

父亲专心倾力于这本书，除溯本探源，解疑释惑之外，还引申出尊物如人、敬人同物的人生信念。他虔诚地信仰物质，称自己是物质之子，并为之骄傲自豪。因为物质太有为、太神奇、太伟大了。同时，他又以仁慈的父亲之心，像关爱我们儿女一样，对尚无解的时间、空间作了深入而独特的研究。父亲神奇地把空间、时间和物质的运动和变化联系起来，创造性地破解了这个长期困扰人类的疑难问题，划时代地让时空拨云见日，云开雾散，备现真容。他无愧地承当了时空之父的角色。关于物质和人一样，或者说人和物质都是有为的，都是有感知思维，有进化灵魂的论点，其论据也是让人折服的。这应该引起我们极大兴趣和深入研究。

父亲由于身体的原因，让我做好书的出版发行和推广工作。我乐为此备尽绵力。

2013 年 6 月 16 日

后 记

　　首先声明，此书是我与女儿张妮的合著。数年八易其稿，全靠她不断提供新知识资料，不厌其烦地作好后勤工作，特别是为本书的宣传推广，不遗余力，并乐此不疲。

　　感谢张怀群先生作序，周凤玲女士、李广兴先生作书评，女儿张妮写心得，罗文杰、王宁平作插图。并感谢刘寿民、张新平、王锦、魏柏树、李世恩、张小刚、孔晓凤、郭兰芳、范军等同志在写作中给予的支持。

　　尽管我们充满信心，要将本书的新知识、新观念传播出去，一年的实践证明，这是件比写作要难上加难的事。我们多么希望把目前许多新出版的书籍和词典等工具书中，关于宇宙、空间、时间、物质的肤浅甚至错误的描述纠正过来，不再误导读者。故热切期盼以本书出版为契机，有志的影视、网络、动漫、传媒工作者，搞成新的文化载体，或者教育科技文化贤达能写进课本或其他文学形式，让广大青少年和百姓群众受惠，我们将不胜感激和高兴！

张光复

2013 年 6 月 16 日